热电联产工程监理实务

安徽万纬工程管理有限责任公司　编

大连理工大学出版社
Dalian University of Technology Press

图书在版编目(CIP)数据

热电联产工程监理实务 / 安徽万纬工程管理有限责任公司编. -- 大连 : 大连理工大学出版社，2021.3

ISBN 978-7-5685-2722-4

Ⅰ. ①热… Ⅱ. ①安… Ⅲ. ①热电厂－热力工程－监理工作 Ⅳ. ①TM621

中国版本图书馆 CIP 数据核字(2020)第 192883 号

大连理工大学出版社出版

地址:大连市软件园路 80 号 邮政编码:116023
发行:0411-84708842 邮购:0411-84708943 传真:0411-84701466
E-mail:dutp@dutp.cn URL:http://dutp.dlut.edu.cn

大连金华光彩色印刷有限公司印刷 大连理工大学出版社发行

幅面尺寸:185mm×260mm 印张:15 字数:347 千字
2021 年 3 月第 1 版 2021 年 3 月第 1 次印刷

责任编辑:裘美倩 初 蕾 张 泓 责任校对:袁 斌
封面设计:杨春明

ISBN 978-7-5685-2722-4 定 价:58.00 元

本书如有印装质量问题,请与我社发行部联系更换。

本书编审人员：

主　　编　叶德志

参编人员　杨惠凯（第一章）　叶志兵（第二章）

　　　　　潘　伟（第四章）　刘　斌（第五章）

　　　　　商传杰（第五章输储煤）　张家胜（第六章）

　　　　　侯冠华（第六章仪表）　余顺来（第七章）

主　　审　王晓弘　郑文生　陈天骄

前言

　　国家对热电联产发展制定了"统一规划、以热定电、立足存量、结构优化、提高能效、环保优先"的基本原则，鼓励对热电联产机组实施技术改造，充分回收利用电厂余热，进一步提高供热能力，满足新增热负荷需求；以及现役燃煤热电联产机组要安装高效脱硫、脱硝和除尘设施的环保要求。因此，热电联产工程广泛应用于城市集中供热和大型化工石油工程项目的新建或技术改造中。

　　大型化工石油工程项目中的热电联产装置是企业的动力中心和公用工程，承担供电供热任务。在确保自备热电功能的同时，富余热电需供外部系统。由于热电联产装置属项目的公用工程，且生产运行具有高温高压的特点，工程建设中不仅安全质量尤为重要，且进度上需在项目中先行投用，并保证自供热电的长周期安稳运行和外供电网系统的安全，牵一发而动全身，故在项目工程建设中具有举足轻重的地位。

　　本公司在长期的监理工作实践中，积累了较丰富的热电联产工程监理经验和良好的监理业绩。为整理归纳热电联产工程监理和专业技术要点，总结经验教训，公司组织编写了《热电联产工程监理实务》。

　　本书突出重点，立足监理实务，从热电联产的工艺方式、装置系统组成、监理组织与资源配置、监理工作方式、专业监理和安全监理工作要点、质量验收与工程创优、经验、教训等方面进行了系统性阐述，愿能为热电联产（动力中心）工程建设监理人员和其他相关人员在工程招投标、项目管理、工程监理等工作中提供帮助。

　　由于水平和经验所限，书中难免有不当之处，恳请读者指正。

编者

2021 年 3 月

内容提要

本书内容分为十一章，各章内容提要如下。

第一章　绪论

热电联产主要工艺方式、热电联产装置系统组成和本公司的热电联产工程监理业绩。

本公司承担热电联产工程监理十余项，总投资超过 200 亿元。简单介绍了中国石化武汉 80 万吨 / 年乙烯及配套工程热电联产装置、中安联合煤制 170 万吨 / 年甲醇及转化烯烃项目动力中心、中化泉州 100 万吨 / 年乙烯及炼油改扩建项目动力中心、福建漳州古雷炼化一体化项目汽电联产装置、福建联合石化炼油乙烯项目 IGCC 装置等代表工程的概况。

第二章　监理组织与资源配置

监理机构的组建原则、组织形式、岗位设置、人力和检测器具配置。根据工程特点，强调了人力配置应做到专业配套，各层次人员比例应恰当，尤其是锅炉、汽轮机、发变电、焊接、无损检测、安全监理等重要岗位人员到位的重要性。

第三章　常用标准规范与编审文件

根据工程特点，阐述了标准规范选用的基本规则，列举了常用工程监理、项目管理和电力工程、建筑工程、钢结构工程、设备和管道安装工程、电仪工程、防腐工程、保温工程、焊接试验、施工安全等施工、验收规范清单。

编制监理规划、细则、台账是监理的重要内业工作，列举了热电联产工程应编制的监理规划和专业监理细则清单、监理台账清单及样表。

审查施工组织设计及方案是监理的基本工作之一，简述了承包单位应编制的施工组织设计及方案的工程范围和监理审查要点，列举了热电联产工程监理应审查的施工组织设计及方案清单。

第四章 土建工程特点和监理要点

热电联产烟囱工程、深基坑工程、高大模板支撑工程、旋挖钻孔灌注桩工程、网架工程、大体积混凝土工程的特点和监理要点，提出了一些安全、质量问题的预防和处理措施。

第五章 安装工程特点和监理要点

热电联产工程主要设备和管道组成情况和工程特点，锅炉本体安装、烟风道及附属设备安装、输储煤设备安装、汽轮发电机组安装、工艺管道安装工程特点和监理要点。

设备安装重点介绍了锅炉受热面安装、汽轮发电机组的质量控制点设置。

管道安装重点介绍了管道组成件和支撑件验收、铬钼钢焊接、无损检测、热处理、热力管道支撑件安装调试、油气管道清洁度、管道系统试压包等重点内容，特别强调了锅炉范围内管道（包括锅炉主给水管道、主蒸汽管道、再热蒸汽管道等）应当按照《锅炉安全技术监察规程》以及相关标准的规定进行设计、制造、安装以及检验检测的新要求。

第六章 电仪工程特点和监理要点

电气工程阐述了发配电一次系统安装、厂用电系统高压电气设备安装、电气设备调试的工程特点和监理要点。重点关注发变组网架安装、主变压器和发电机组安装、厂用电系统高压电气设备安装、电气设备单体调试、发电机系统静态和动态专项试验等监理重点工作。

热工仪表工程介绍了分散控制系统（DCS）、汽轮发电机组保护和控制系统、锅炉自动控制系统、安全仪表系统、现场仪表等工程内容和特点，强调了热工仪表及控制装置安装、单校与联校、DCS系统安装组态等监理要点。

第七章 HSE特点和监理要点

热电联产工程危险源及危大工程特点，施工准备阶段、施工阶段HSE监理的工作要点。重在严格核查承包单位管理体系，编制超危大工程重大风险控制计划并按其进行监控，以及对各专业工程现场重点部位和工序的监控等。

第八章 启动调试与交工验收监理

启动调试是电力工程的重要阶段，对锅炉、汽轮机组的分部试运和整套启动试运的任务和调试要点进行了概述，阐述了监理机构在启动调试和交工验收阶段的主要监理工作。

第九章 现场监理工作方式

见证取样的概述、范围、工作程序和要求，重点明确电力工程见证取样范围的具体要求。巡视的职责、主要内容、工作要求和检查要点。旁站的范围、职责、监理程序和工作内容。平行检验的概述、程序和项目。

第十章 质量验收与工程创优

工程质量验收的概述、依据、项目及判定标准、程序，工程创优的工作依据，地方（行业）协会、国家优质工程的申报程序和监理工作。

第十一章 经验、教训及问题探讨

结合重点工程项目，总结了热电联产工程监理工作的经验和教训，提出了对存在的问题的处理方法、措施或改进建议，并对工程监理中的若干问题和全过程工程咨询进行了探讨。

目录

第一章　绪论

第一节　热电联产主要工艺方式

一、热电联产概念

电力工业的主要能源为水能、燃料热能和原子能，利用燃料热能发电的工厂叫火力发电厂。在火力发电生产工艺中，蒸汽除了供作发电动能外，还可以利用做过功的蒸汽供应热用户。这种既供电又供热的火力发电厂称为热电厂或热电联产装置，在某些大型煤化工、石油化工联合装置里又被称为动力中心或动力岛。

在热电联产装置中，设计原则主要有以热定电或以电带热两种。为了更合理地节能，国家要求热电联产项目必须按以热定电的原则进行设计，对于大型煤化工、石油化工装置配套的热电联产装置更是如此。以热定电主要目的是为了满足不同化工装置的用汽需要，在产汽的同时副产电能，而以电带热只适用于对区域电负荷要求高的情况。

热电联产汽轮发电机组主要有背压式汽轮机组和抽汽凝汽式汽轮机组。除此之外，还有高参数背压式汽轮机叠置设备改造发电、改造中小型凝汽式机组为供热机组、利用企业工业锅炉的裕压发电等形式。

整体煤气化联合循环发电（IGCC）技术以其高效、环保、燃料适应性广、可实现多联产和低成本技术捕集 CO_2 等优势，被公认为是世界上最清洁的燃烧发电技术，主要由气化岛和动力岛两部分组成，其中动力岛主要有燃气轮机、余热锅炉、蒸汽轮机、发电机等组成。其中燃气轮机是 IGCC 装置的核心部件，其性能的提高是发展 IGCC 的前提。目前，已有部分石化企业自备电厂（热电联产）采用了 IGCC 技术。

二、热电联产主要工艺系统

1. 背压式汽轮发电机组

背压式汽轮发电机组（图 1–1）中汽轮机排汽直接供给了热用户。在热用户存在多种并有较大差别的参数要求情况时，也可采用抽汽背压式汽轮机组。

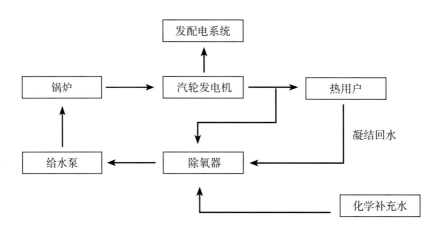

图 1-1   背压式汽轮发电机组流程

2. 抽汽凝汽式汽轮发电机组

凝汽式汽轮发电机组（图 1-2）在适当的级后开孔抽取已经部分做功发电后的合适参数蒸汽供热，就成为抽汽凝汽式汽轮发电机组。其抽汽有可调整抽汽和非调整抽汽两类，可调整抽汽提供给热用户，非调整抽汽为系统自用。

根据实际供热需要，也可以采取两段可调整抽汽的方案，也就是双抽机。采用双抽机的条件是低参数供热负荷具有相当的比重，增加的发电效益综合评价超出投资增大的不利经济因素。

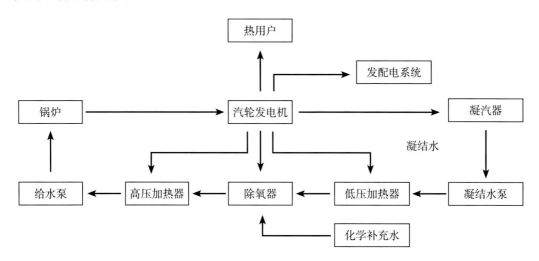

图 1-2   抽汽凝汽式汽轮发电机组流程

3. 发配电系统

发配电系统包括汽轮发电机控制系统、厂用电控制系统、直接送出线路或升压变电所控制系统等（图 1-3）。

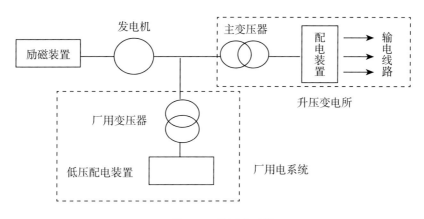

图 1-3 发配电系统

三、热电联产汽轮发电机组的适用性

背压式汽轮发电机组是相对于凝汽式汽轮发电机组而言的，其差别在于，凝汽式汽轮发电机组中汽轮机的排汽被冷凝成水再送回到锅炉系统，而背压式汽轮发电机组中汽轮机的排汽直接供给热用户。在两者的系统中，凝汽式汽轮发电机组的排汽参数要求在保证汽轮机安全运行的条件下尽可能低，而背压式汽轮发电机组的排汽参数则取决于热用户的要求。两种热电联产工艺的选择是根据热负荷特性来确定的。

背压式汽轮发电机组汽轮机排汽全部供热用户，没有冷源损失，是火力发电机组中能源使用最为经济合理的一种方式。但是，如果热负荷不稳定（包括冬夏差异较大的情况），势必造成发电机组在低负荷时，设备利用率低、运行工况不经济，甚至机组无法启动。因此，背压式汽轮发电机组更适用于供热负荷稳定，尤其是以稳定的工业负荷为主的情况。国家有关管理规定要求：工业热电联产项目优先采用高压及以上参数背压热电联产机组。在役热电厂扩建热电联产机组时，原则上采用背压热电联产机组。供热改造要因厂制宜采用打孔抽气、低真空供热、循环水余热利用等成熟适用技术，鼓励具备条件的机组改造为背压热电联产机组。

抽凝机组相对背压式机组，其运行机制相当灵活。可调整抽汽在其最大抽汽能力范围内 0~100% 自由调整，对热负荷波动适应性好，设备利用率高。适用于热负荷存在较大波动、冬夏差异大的情况。对于供采暖负荷占有相当大比例的热电联产工程，一般选择抽凝机组。

第二节 热电联产装置系统组成

一、燃煤热电联产工程单元与生产过程

1. 一般工程单元（表 1-1）

表 1-1　　　　　　　　　　　　　　一般工程单元

序号		主项名称	序号		主项名称
全厂及锅炉装置	1	煤仓间	脱盐水及冷凝水回收	1	脱盐水制备装置
	2	锅炉岛		2	透平冷凝水处理
	3	除尘岛		3	工艺冷凝水处理
	4	烟囱		4	储罐区
	5	除渣		5	酸碱站
	6	除灰	厂内储煤及输送设施	1	原、燃料煤储存及输送系统
	7	点火油罐区及泵房		2	输煤辅助间及控制室
	8	烟气脱硝		3	输煤变电所
	9	烟气脱硫		4	煤水处理站
汽轮发电机组	1	除氧间		5	装载机库
	2	汽轮机房		6	输煤配电间
	3	供汽管网		7	气化输煤
	4	发电及变配电	厂外煤炭输送系统	1	厂外火车燃料煤输送系统
	5	厂用电		2	厂外码头原料煤输送系统
	6	升压变及厂变		3	翻车机变电所
	7	集控楼		4	管带机变电所
	8	机炉机柜间			

2. 煤电生产过程

通过输配煤系统后的燃料煤粉经炉前排粉风机送入炉膛进行燃烧，烟气经脱硫、

脱硝、除尘（预电 + 布袋除尘器）后排入烟囱，炉渣采用固态排渣（图 1-4）。

给水经高压旋膜除氧器向锅炉提供除氧水，除氧水经省煤器、汽包、水冷壁后产生蒸汽，过热蒸汽进入汽轮机做功，驱动发电机产出电能，发出电经主变、厂用变、配电室等变配电系统供厂内使用，余量上网，也可从电网向厂内倒送电。

所需的脱盐水、循环冷却水、压缩空气、仪表空气、低压氮气等公用物料一般由全厂公用工程设施统一提供。

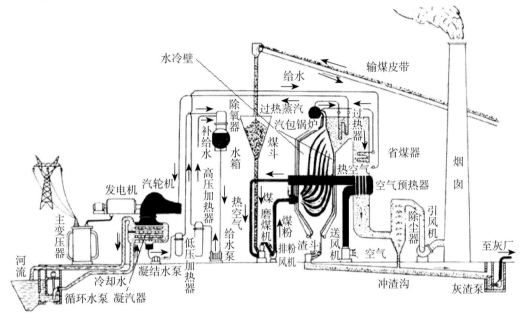

图 1-4　燃煤热电联产生产过程

二、锅炉及其辅助系统

1. 锅炉系统

锅炉是将燃料的化学能转化为热能的设备。一方面要有效地组织燃料的燃烧，使燃料中的化学能充分转化为热能，另一方面要有效地组织换热，把燃烧产生的热能充分吸收转变成便于利用的方式。

针对固态燃料，锅炉燃烧的方式主要有层燃、室燃。层燃可分为固定炉排锅炉和活动炉排锅炉，室燃可分为煤粉炉、沸腾炉、循环流化床（CFB）锅炉（图 1-5）等。其中循环流化床锅炉因为其燃料适应性好、热效率高、便于脱硫等显著特点越来越受到广泛应用。

锅炉本体由炉墙及构架、燃烧系统（炉膛、燃烧器、空气预热器、烟道等）、汽水系统（汽包、水冷壁、下降管、联箱、过热器、省煤器、再热器等）、锅炉附件等组成。

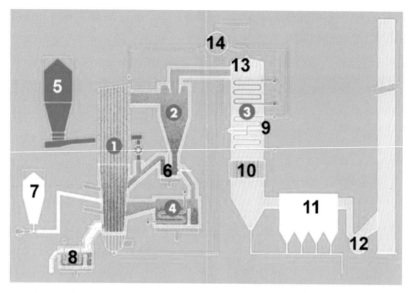

1—炉膛；2—旋风分离器；3—过热器；4—外置式换热器；5—煤仓；6—返料装置；
7—石灰石进料口；8—灰冷却器；9—省煤器；10—空气预热器；11—除尘器；
12—引风机；13—尾部烟道；14—汽包

图 1-5　循环流化床锅炉结构

2. 燃烧系统

锅炉燃烧系统包括锅炉配风、引风、除尘、烟囱、给煤等。

流化床锅炉配风设备一般包括一次风机、二次风机及流化风机（也称返料风机）。一次风、二次风均由风机将空气送入锅炉尾部烟道的空气预热器加热至 150 ℃ 左右由热风管分别送到炉膛相应配风口。流化风由流化风机加压后送至返料器。流化风对风压的要求较高，一般采用罗茨风机。

锅炉出口烟气经除尘器、引风机由烟囱排放。

对于流化床锅炉，锅炉出口烟尘浓度较高，一般为 15~22 g/m³，除尘器的选择要根据燃料特性、环保要求及经济性比较等因素确定。常用除尘设备为静电除尘器、布袋除尘器。

锅炉给煤是指从炉前燃料储仓到燃料进入炉膛这一段。对于流化床锅炉，一般采用称重式皮带机或螺旋输送机将煤转卸到锅炉配带的给煤机来完成。在循环流化床锅炉给煤系统中，要适当地配置播煤风，这对锅炉床层的稳定相当重要。

3. 烟气脱硫、脱硝系统

烟气脱硫（FGD），即 Flue Gas Desulfurization，按工艺特点可分为湿法、半干法和干法三大类。以湿法烟气脱硫为代表的工艺有石灰/石灰石–石膏法（图 1-6）、双碱法、氨吸收法、海水法等。其特点是技术工艺成熟，脱硫效率高（90% 以上），且脱硫副产品大都可回收利用，但其投资和运行费用较高。

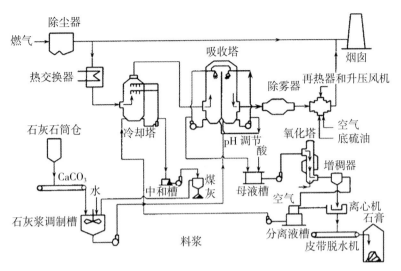

图1-6　湿式石灰石—石膏法脱硫工艺流程

烟气脱硝一般采用SCR（Selective Catalytic Reduction）法（图1-7），即低氮燃烧+SCR（选择性催化还原）工艺，没有副产物，不形成二次污染。装置结构简单，并且脱除效率高（可达90%以上），运行可靠，便于维护等优点。此法以液氨、氨水或尿素作为还原剂，在催化剂的作用下，NH_3在较低的温度下有选择性地将废气中的NO_x还原成N_2，从而达到去除氮氧化物的目的。

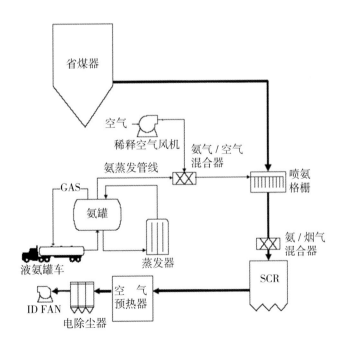

图1-7　SCR法脱硝工艺流程

4. 输储煤系统

厂内储煤及输送系统是热电联产配套的公用工程之一，负责有组织地给锅炉提供合格配比的燃料煤。通常由燃料储放场地和设施、输送设备、破碎设备、炉前中储设施等构成，主要工程内容包括采样及翻车机系统、铁路来煤管带机系统、水路来煤管带机系统、圆形料场（直径 100 m、容积 9 万吨/座）、破碎楼及转运楼、栈桥、输送煤辅助间、控制室、输送煤配比间、煤水处理站、装载机库、汽车卸煤站等。

5. 除渣系统

除渣系统是将锅炉产生的炉渣有组织地清理、储运。

对循环流化床锅炉，虽然也属于固态排渣，但其渣温度高，一般需设置冷渣设备。常见的除渣系统设置为冷渣机、炉渣输送设备（重型框链除渣机或耐高温皮带等）、炉渣提升设备（斗式提升机等）、渣仓、渣仓下装车外运等。

6. 除灰系统

除灰系统是将除尘器收集的烟气粉尘合理地进行储藏、完成外运准备，同时要防止粉尘的二次污染。

目前，大多采用气力输灰（正压或负压）将除尘器收集的粉尘送到灰仓，在灰仓下根据灰渣综合利用需要设干灰散装机及加湿搅拌机装车外运。

大型电厂的大量灰渣没有足够能力的综合利用去向时，还需在电厂外设单独的贮灰场地，并配相应的设施防止风力吹扬等二次污染问题。

7. 化学补充水系统

化学补充水系统解决因供热损失、管道损失等汽水损失造成的系统水量不足问题。

因锅炉、汽轮机运行安全性对水及蒸汽的品质有较高要求，必须对进厂原水进行相应的理化处理。中小型热电厂常见的处理方式有一级除盐、一级除盐＋混床、反渗透＋混床、一级反渗透＋一级除盐＋混床、二级反渗透＋混床。

化学补充水处理方案的选择要根据原水水质及运行经济性比较来确定。就运行经济性而言，反渗透因其产出大量不便于利用的浓水而使电厂耗水量增加，而一级除盐因树脂再生需要耗用大量酸碱是其运行成本的主要组成。

8. 点火油系统

煤粉炉及循环流化床锅炉的启动过程都需要一定数量的燃油。点火油系统就是锅炉启动时提供燃油的设施，包括储油罐、燃油的卸车、滤清、输送等。

9. 锅炉排污系统

电厂锅炉运行对锅水品质要求较高，为了有效保证其运行过程中的品质，锅炉设有连续排污和定期排污。锅炉排污水的盐、碱等有害物质参数较高，直接排放存在种种问题，需要设置排污扩容器降低排污水参数后才能排放，同时连续排污扩容器产生的二次蒸汽可以回收利用。连续排污扩容后的排污水可以再回收部分热能，作为供热管网的补充水。

三、汽轮机及其辅助系统

1.汽轮机系统

汽轮机（图1-8）是将热能转化为动能的设备。它利用高参数蒸汽膨胀过程中做功推动透平叶片转动完成能量转化。在以蒸汽为工质的火电厂中，饱和蒸汽继续在过热器中吸热变成过热蒸汽（定压吸热），过热蒸汽送入汽轮机绝热膨胀做功，冲转汽轮机转动（热能转换成机械能），汽轮机带动发电机发电（机械能转换成电能）。做功后的乏汽排入凝汽器中凝结成水（定压冷却），然后再利用给水泵将凝结水输送到锅炉里（绝热压缩），给水在锅炉的水冷壁、过热器中进行定压吸热汽化后又送入汽轮机做功。这样就形成了汽－水基本循环，称之为朗肯循环。

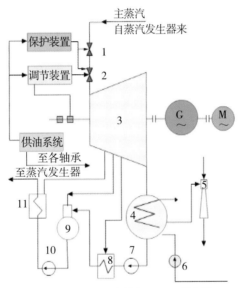

1—主汽阀；2—调节阀；3—汽轮机；4—凝汽器；5—抽汽器；6—循环水泵；7—凝结水泵；8—低压加热器；9—除氧器；10—给水泵；11—高压加热器

图1-8 汽轮机设备组成

来自蒸汽发生器的蒸汽经主汽阀、调节阀进入汽轮机。由于汽轮机排汽口的压力大大低于进汽压力，蒸汽在这个压差作用下向排汽口流动，其压力和温度逐渐降低，部分热能转换为汽轮机转子旋转的机械能。做完功的蒸汽称为乏汽，从排汽口排入凝汽器，在较低的温度下凝结成水，再由凝结水泵抽出送往蒸汽发生器构成封闭的热力循环。为了吸收乏汽在凝汽器放出的凝结热，用循环水泵不断地向凝汽器供应冷却水。由于汽轮机的尾部和凝汽器不能绝对密封，其内部压力又低于外界大气压，因而会有空气漏入，最终进入凝汽器的壳侧，若任空气在凝汽器内积累，必使凝汽器内压力升高，同时积累的空气还会带来乏汽凝结放热的恶化，这两者都会导致热循环效率的下降，因而必须靠抽汽器将凝汽器壳侧的空气抽出。凝汽设备由凝汽器、凝结水泵、循环水泵和抽汽器组成，它的作用是建立并保持凝汽器的真空，以使汽轮机保持较低的排汽压力，同时回收凝结水循环使用，以减少冷源损失，提高汽轮机设备运行的经济性。

为了满足用户的电力需求，汽轮机的功率和转速必须进行调节，每台汽轮机有一套由调节装置组成的调节系统。另外，汽轮机是高速旋转设备，它的转子和定子间隙很小，是既庞大又精密的设备。为保证汽轮机安全运行，配有一套自动保护装置，以便在异常情况下发出警报；在危急情况下自动关闭主汽阀，使之停运。调节系统和保护装置常用压力油来传递信号和操纵有关部件。汽轮机的各个轴承也需要油润滑和冷却，因而每台汽轮机都配有一套油系统。

2. 主蒸汽系统

从锅炉过热器出口联箱引出的过热蒸汽，称之为主蒸汽或新蒸汽，通过管道输送到汽轮机或减温减压装置。主蒸汽管道系统通常分为单元制系统、分段母管制系统和切换母管制系统。

单元制系统是每台汽轮机和供应它蒸汽的一台或两台锅炉组成一个独立单元。这种系统的优点是系统简单、管道短、系统本身故障的可能性小、便于集中控制，但相邻单元不能相互支援，机炉之间也不能切换运行，即运行灵活性差。

分段母管制是用阀门将单母管分为两个以上区段，当某个点出现故障的时候，可以将部分系统关停检修而不影响其他机组运行。这种系统多用于机炉台数不配合的情况。

切换母管制是利用切换阀门使机炉既可单元运行又可母管制运行。这种系统的主要优点是既有足够的可靠性，又有一定的灵活性，主要缺点是系统较复杂，阀门多，故障可能性大。

3. 给水系统和给水泵

给水系统应采用母管制系统。包括给水箱、给水泵及相应管道系统。一般设三根给水母管，低压给水母管、高压给水冷母管和主给水母管。

给水泵是向锅炉提供给水的动力设备，要求设置一台备用给水泵。

4. 凝结水系统

凝结水系统是将汽轮机凝汽器出来的凝结水，用凝结水泵送回到除氧器。

5. 回热系统

回热系统是利用汽轮机的非调整抽汽加热锅炉给水，包括低压加热器、除氧器、高压加热器、回热抽汽管道等。

6. 疏放水系统

在电厂的汽水管道中，存在很多有运行安全性要求的疏放水，这些疏放水是具有可回收利用价值的，需要通过疏放水系统将这些水收集并返回系统使用。疏放水系统主要设备有疏水扩容器、疏水箱、疏水泵、低位水箱水泵等。

7. 润滑油系统

汽轮机和发电机都要有可靠的润滑油系统来保障运行。润滑油系统主要设备一般有主油泵（一般含在汽轮机本体内）、离心油泵、危急直流油泵、冷油器、油箱、事故放油箱、补充油箱、滤油设备等。其中后三项设备及相应管道通常称为外部油管路系统。

8. 供热蒸汽系统和减温减压装置

供热蒸汽系统一般采用单母管系统，在某些特定条件下也有采用双母管和多母管的做法。

减温减压装置是为了保证热用户的供热要求而设置的。当一台汽轮机不能运行供热时，用减温减压装置将新蒸汽直接减温减压到需要的供热参数保证供热。

9. 冷却循环水系统

冷却循环水系统提供凝汽器用来冷凝汽轮机排汽所需要的冷却水。因其耗水量大，多采用循环系统，也有沿海电厂采用海水直接冷却排放的情况。冷却循环水系统由冷却塔、循环水泵、循环水管道等组成。冷油器冷却水、发电机空气冷却器冷却水也由冷却循环水系统提供。

四、发配电一次系统

自备电厂担负着石油化工大型生产装置的供电和供汽，出于安全生产保障的需要，发配电一次系统的配置较复杂，既要考虑发电机并网路径，又要兼顾对应的机、炉系统的厂用电的布置。

（1）发配电一次系统（图 1-9）一般由发电机（10.5 kV/50～60 MW）、主变压器（63 MVA 或 70 MVA；110 kV/10.5 kV）、励磁变（500 kVA；10.5 kV/0.4 kV）、发电机出线断路器（6.3 kA/10.5 kV，带控制箱）、电抗器等组成。该系统内的主要附件有电压互感器、电流互感器、避雷器、电抗器、10 kV 电抗器进线柜、主变压器低压侧电压互感器柜、发电机出线电压互感器柜、励磁变 10 kV 侧电压互感器柜、干式励磁变箱（对应 0.4 kV 侧有励磁开关、功率柜、励磁调节柜）、发电机中性点接地柜（匝间保护柜）。

电抗器（串接在 10 kV 厂用电源进线侧）用来保护厂用系统变频器和改善功率因数，同时限制电网电压突变和操作过电压引起的电流冲击，平滑电源电压峰值，既能阻止来自电网的干扰，又能减少整流单元产生的谐波电流对电网的污染。

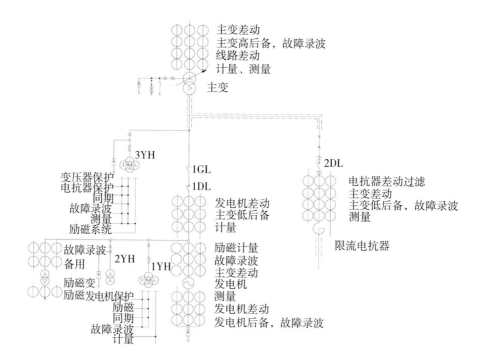

图 1-9 发配电一次系统

（2）一套锅炉与一台汽轮发电机组组成一个系列。为保证该系统安全运行，对应的厂用电系统一般配置双母线高压（10 kV）、低压（0.4 kV）开关室。由主变压器低压侧（10 kV）与发电机出口并列对厂用电高、低压开关室正常供电。此厂用电源经电抗器进 10 kV 厂用电开关室，分两回路至 10 kV 厂用电 A、B 段。另有电网 110 kV 提供电源经高压备用变压器降为 10 kV 电压，做 10 kV 厂用电的备用电源。10 kV A、B 段提供 2 台 10 kV/0.4 kV 干式变压器电源，干式变降压后供 0.4 kV A、B 低压段母线电源。低压段带母联开关，可做双向备用。

（3）大型石油化工企业用电安全尤为重要，不仅需建自备电厂，还必须配套新建 220 kV 或 110 kV 变电站。变电站电源由 220 kV 架空线或 110 kV（远距离为架空线，近距离可为电缆）提供。现阶段 220 kV 或 110 kV 变电站配置普遍采用 GIS 电气装置，该装置用 SF6 气体做绝缘介质，三相母线设在直径 500 mm 管道筒内（筒内充满 SF6 气体）。对应有 SF6 气体绝缘断路器、SF6 气体绝缘隔离开关、SF6 气体绝缘互感器和其他设备及附件。

为并网运行方便，该变电站一般建在电厂附近，由电厂管理，其建设过程监理基本与自备电厂为同一监理单位。

五、热工仪表及控制装置

热工仪表及控制装置由取源部件及敏感元件、就地检测和控制仪表（压力和差压指示仪表及变送器、开关量仪表、分析仪表、执行器）、控制盘/台/箱/柜（盘上仪表及设备、计算机及附属系统）、电线和电缆、管路、防护与接地组成。具有以下控制功能：

（1）锅炉自动控制系统和炉膛安全监控系统（FSSS）

（2）汽轮发电机组保护和控制系统

为保证汽轮发电机组的安全、稳定运行，设置有汽轮机监测系统（TSI）、汽轮机紧急跳闸系统（ETS）、汽轮机电液控制系统等保护和控制系统（DEH）。该部分均由汽轮机制造厂配套供货。

（3）安全控制系统

（4）分散控制系统（DCS）

六、其他辅助系统

除上述系统外，电厂运行还需要一些辅助系统，包括为构建汽轮机排汽真空度的射水抽汽系统（或水环真空泵系统）、为凝汽器服务的胶球清洗系统、为大型泵与风机提供冷却水等的工业水系统、为调整锅水品质的炉内加药系统、为检测运行的汽水取样系统等。

第三节 热电联产工程监理业绩

安徽万纬工程管理有限责任公司先后承担了中国石化安庆分公司热电厂新建及改扩建工程，福建联合石化炼油乙烯项目 IGCC 装置，中国石化武汉 80 万吨/年乙烯及配套项目、中安联合煤制 170 万吨/年甲醇及转化烯烃项目、福建漳州古雷炼化一体化项目、中化泉州 100 万吨/年乙烯及炼油改扩建项目等大型化工石油工程热电联产（动力中心）装置的监理工作，以及地方热电联产、垃圾发电等工程监理、项目管理、全过程工程咨询等任务十余项，工程投资约 200 亿元，积累了丰富的工程建设经验，具有良好的热电联产装置监理业绩。

在福建联合石化炼油乙烯项目 IGCC 装置监理中，多次被项目建设方管理团队

（IPMT）评为质量管理、安全管理第一名，圆满完成了该工程的建设监理任务。

中国石化武汉 80 万吨／年乙烯及配套工程建设项目，荣获 2016 — 2017 年度国家优质工程金质奖。在监理过程中，监理项目部以全面周到的服务，诚信科学的态度，开拓进取的作风赢得了良好信誉，获得建设单位 HSE 管理评比连续六个月第一、14 家监理单位劳动竞赛名列前茅的好成绩。

中国石化安庆分公司热电厂共有 4 炉 3 机，以及相应的输变电、煤运、化水、除尘、脱硫、脱硝等系统。其中，改扩建工程有新建 6# 炉、腈纶 110 kV 总降压站改造、炼油 35 kV 总变电所、220 kV 电力网架结构改造、1# 发电机组改造、山口变电站—安庆石化 220 kV 单回输电线路工程、锅炉脱硫脱硝改造等，工程监理均取得良好的绩效。特别在安庆石化炼化一体化项目中，汽轮发动机组改造和 220 kV 电力网架结构改造工程比项目整体交工提前半年并网投用，开创了老电厂边生产边改造、高风险无事故的佳绩。

中安联合煤制 170 万吨／年甲醇及转化烯烃项目动力中心工程，包括新建 4 台高温高压煤粉锅炉及配套的制粉、除尘、脱硫、脱硝、除灰、除渣设施，3 台双抽凝汽式汽轮发电机组，以及脱盐制备装置、冷凝水处理系统及输储煤系统等，在监理过程中，质量安全管控到位，以良好的服务赢得了建设单位的信任和好评。

目前，在建的热电联产工程监理主要有福建漳州古雷炼化一体化项目汽电联产装置、中化泉州 100 万吨／年乙烯及炼油改扩建项目动力中心、中国石化茂名化工热电技改工程。在建的热电联产全过程工程咨询项目有安徽华星化工有限公司供热系统节能环保改造项目。在建工程的安全质量均处于受控状态，履约服务情况良好。

中国石化武汉 80 万吨 / 年乙烯及配套工程热电联产装置原煤仓夜景

中安联合煤制 170 万吨 / 年甲醇及转化烯烃
项目热电联产装置

中安联合煤制 170 万吨 / 年甲醇及转化烯烃项目循环流
化床锅炉（建设过程）

福建联合石化炼油乙烯项目 IGCC 装置

中国石化安庆分公司热电厂热电装置

中国石化武汉 80 万吨 /
年乙烯及配套项目热电
联产装置

中安联合煤制 170 万吨 / 年甲醇及转化烯
烃项目输储煤工程

中国石化安庆分公司热电厂 1#、
2# 燃油锅炉报废更新

中国石化茂名化工热电技改工程项目（建设工程）

中化泉州 100 万吨／年乙烯及炼油改扩建项目动力中心工程

福建漳州古雷炼化一体化项目汽电联产装置（建设过程）

第二章 监理组织与资源配置

第一节 监理组织

监理机构是监理单位派驻施工现场负责履行建设工程监理合同的监理组织，一般按监理项目部组建。就单个监理合同项目而言，监理机构具有临时性，监理合同履行完毕后该机构自行解散；就监理单位长期经营而言，监理项目部在履行完前一监理合同后又会成建制转入新的监理项目，因而同时具有公司基层行政单位的性质，故监理项目部主要组成人员宜保持相对稳定。

一、项目监理机构的组建原则

组织形式、岗位设置、资源配置应根据委托监理合同约定的服务内容、工程类别、规模、技术复杂程度、工程环境等因素确定，并遵循适应、精简、高效的原则：

（1）有利于落实总监理工程师（简称"总监"）负责制，实行责权统一，并发挥总监理工程师代表和专业监理工程师的分工协作作用。

（2）管理层次与管理跨度相统一，适应委托监理合同对监理工作深度的要求，有利于建设工程监理合同的履行。

（3）有利于监理目标的控制与监理决策及现场监理工作的开展。

（4）有利于相关方的信息沟通、协调，提高工作效率和经济效益。

（5）有利于监理单位对项目监理机构的管理。

二、组建项目监理机构步骤

1.确定总监

总监理工程师是监理单位按建设工程监理合同约定设立的行政职务。在项目监理机构中，总监理工程师对外代表监理单位，对内全面负责项目监理机构管理工作，是项目监理机构的第一责任人。

总监任职条件除符合监理规范要求的基本资质、工程经验条件外，还应具有：

（1）较好的综合素质，包括优良的思想素质、扎实的业务素质、健康的身体素质等。

（2）较强的行政管控能力，包括组织管理能力、计划控制能力、协调配合能力、决策应变能力、语言文字能力等。

2. 确定项目监理机构组织形式

热电联产工程建设单位发包形式一般为 EPC 总承包或 E+P+C 模式，监理机构一般采取直线式组织结构。这种组织结构形式简单，职能按垂直系统排列，职责分明，决策迅速，有利于落实总监负责制，但要求总监理工程师熟悉监理及相关业务，具有同类工程经验，是多学科、复合型人才。

3. 确定监理机构岗位配置和人员组成

依据委托监理合同，结合工程规模、管理特点，考虑管理层次和跨度设置监理岗位，一般由总监、专业监理工程师、监理员组成。当工程规模较大、系统较复杂、涉及专业较多时，可设总监理工程师代表；若工程包含子项目较多，地域分布比较分散，可按工程子项目或地域设总监理工程师代表。还可根据监理工作需要，配备安全监理人员、信息档案管理人员、投资控制人员、进度控制人员、文秘、翻译、司机和其他行政辅助人员。

组织构架如图 2-1 所示。

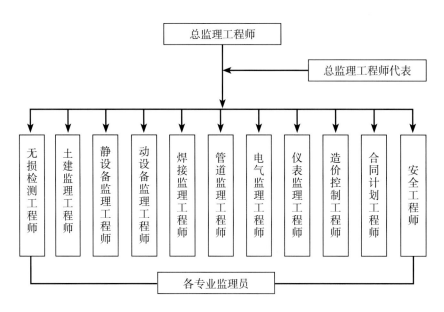

图 2-1　项目监理机构组织构架

监理人员根据施工进展情况分批到位。公司领导和职能部门对监理项目部进行横向检查指导、考核，每半年不少于一次，使项目监理横向到边、纵向到底。

4.落实各岗位工作职责

结合监理规划编制，明确各岗位工作职责和相互间工作接口。工作职责应符合监理规范要求，并细化相互间工作配合及职责界面，如设备基础工序交接、大型机组二次灌浆相关专业监理人员的工作衔接，安全监理方面安全监理工程师与专业监理工程师在落实一岗双责方面的工作接口等。

总监理工程师除履行监理规范和监理合同规定的职责外，在监理企业内部应履行项目监理第一责任人的职责，包括监理的安全、质量、经济责任制落实责任，并行使监理项目部人财物管理权力。

总监理工程师应常驻现场，监理工作中的重要职责不得委托给总监理工程师代表，更不能有名无实。

第二节　资源配置

一、人力资源

首先，公司应确定具有多年担任项目负责人经验、熟悉监理及相关业务、有综合管理能力的总监理工程师。

然后，应根据工程规模大小合理安排岗位监理人员数量，做到专业配套，各层次人员比例恰当。

相对于一般工程而言，热电联产装置大型机组数量多、结构复杂、安装要求高；汽水系统管道大多属于高温高压管道，蒸汽管道材质主要为铬钼合金钢，焊接及热处理要求高；锅炉本体部件大部分在现场组装，组焊技术要求高；深基坑、高支模、高处作业多，脱硫单元吸收塔内防腐作业易发生火灾等高风险危大工程多，配置锅炉、汽轮机、发变电、焊接、无损检测、HSE 等专业监理人员尤为重要（表 2-1）。

表 2-1　　　　　　　　　某石化热电联产工程人员配置表

序号	监理岗位职务	姓名	性别	年龄	执业证书
1	总监		男	52	国家注册监理工程师
2	总监代表		男	34	国家注册监理工程师 特种设备超声波检测（RT） II 级
3	合同计划工程师		男	37	中石化监理工程师
4	造价控制工程师		男	39	国家注册造价工程师

序号	监理岗位职务	姓名	性别	年龄	执业证书
5	安全工程师 1		男	37	国家注册安全工程师
6	安全工程师 2		男	38	中石化安全证
7	土建监理工程师 1		男	36	国家注册监理工程师、测量证
8	土建监理工程师 2		男	37	中石化监理工程师 中石化见证取样员证
9	管道监理工程师 1		男	55	国家注册监理工程师
10	管道监理工程师 2		男	45	中石化监理工程师
11	动设备监理工程师		男	49	国家注册监理工程师
12	静设备监理工程师 1（锅炉）		男	38	国家注册监理工程师
13	静设备监理工程师 2		男	50	中石化监理工程师
14	焊接工程师		男	36	中石化监理工程师 特种设备超声波检测（RT）Ⅱ级
15	无损检测工程师		男	50	特种设备无损检测：RT Ⅲ级、UT Ⅱ级、PT Ⅱ级、MT Ⅱ级
16	电气工程师 1		男	33	国家注册监理工程师
17	电气工程师 2（发变电）		男	50	中石化监理工程师
18	仪表工程师 1		男	56	国家注册监理工程师
19	仪表工程师 2		男	38	中石化监理工程师
20	土建监理员		男	28	皖监员、测量员 中石化见证取样员
21	管道安装监理员		男	30	皖监员
22	设备安装监理员		男	30	皖监员
23	电气监理员		男	28	皖监员
24	热工仪表监理员		男	24	皖监员
25	安全监理员		男	36	皖监员
26	文档管理		女	30	皖监员

　　监理项目中标后，人员实际配置应结合投标文件进行，关键岗位人员不应变动，其他岗位人员一般可按同等条件进行变更，并根据监理合同要求完善相关手续。在落实人员配置的同时，编制人员进场计划表，确定各专业投入人月数和总人月数。

二、检测器具

根据工程内容和专业特点配置监理平行检验使用的检测仪器和工具（表 2-2 和表 2-3），并确保其处于有效状态，精确度、稳定性和分辨率等符合要求，满足建设工程监理需要。

一般常用检测工具按专业配置到人，其他检测器具由监理项目部集中管理，全站仪、钢筋定位仪、测振仪等精密检测设备应确定专人使用，每年送计量部门校验一次。

表 2-2　　　　　　　　　　某热电联产工程主要检测器具配置表

序号	器具名称	品牌	型号规格	单位	数量	生产单位
1	全站仪	苏州一光	KTS-212	部	1	苏州一光仪器有限公司
2	水准仪	天津赛特	DS2800	个	1	天津赛特
3	钢筋定位仪	天津筋维	GW50+	套	1	天津筋维
4	混凝土回弹仪		ZC3-A	部	1	山东乐陵回弹仪厂
5	红外测温仪	美国雷泰 RAYTEK	ST804	个	1	美国雷泰 RAYTEK
6	手持激光测距仪	徕卡 Leica	DISTO A3	套	1	瑞士徕卡
7	激光水平仪		LS607	台	1	莱赛
8	超声波测厚仪	科电仪器	HCH-3000F	台	1	科电检测仪器有限公司（济宁）
9	涂层测厚仪	科电仪器	MC-2000C	部	1	科电检测仪器有限公司（济宁）
10	电火花检测仪	科电仪器	DJ-6B	台	1	科电检测仪器有限公司（济宁）
11	百分表	桂林量具	0~10 mm	个	1	桂林量具
12	外径千分尺	美国邦克	0~250 mm	把	1	临沂邦克工具有限责任公司
13	测振仪	日本理音 RION	AV-160B	套	1	日本理音 RION
14	转速仪	PROVA	RM-1500	个	1	台湾泰仕 TES
15	绝缘电阻测试仪		ZC25B-3	只	1	
16	万用表	VICTOR	EN61010-1	台	1	VICTOR
17	接地电阻测试仪	依泰科技	ETCR2000B+	套	1	广州市依泰电子科技有限公司

续表

序号	器具名称	品牌	型号规格	单位	数量	生产单位
18	表面粗糙度仪	济宁恒灿	0918/（0~6.5）mm	台	1	济宁恒灿检测仪器有限公司
19	锚纹深度仪		0918	个	1	世达工具
20	预置可调式扭矩扳手	尚峰	SF-02	把	2	北京尚峰扭矩测试所
21	便携式气体检测仪		HRP-B1000	台	1	郑州汇瑞埔电子技术有限公司

表 2-3　　　　　　　　　　某热电联产工程主要工具配置表

序号	器具名称	品牌	型号规格	单位	数量	生产单位
1	卷尺	长城精工	5 m、50 m	个	若干	商丘长城精工工具有限公司
2	靠尺		2 m（八件套）	套	2	
3	水平尺		GWP-91A	把	2	
4	直尺		50 cm	把	3	
5	内外直角检测尺		800×500 mm	把	1	
6	检查小锤	美国邦克	25 g	把	4	山东邦克工具有限公司
7	伸缩响鼓锤	温州南方		把	4	温州南方
8	百格网			个	2	温州南方
9	焊缝检测尺	上海九量五金	HJC45B	把	4	上海九量五金
10	塞尺	上海惠申	0.05~1 mm	把	3	上海惠申
11	游标卡尺	美国邦克	0~200 mm	把	2	山东邦克工具有限公司
12	框式水平尺		0~300 mm	把	1	潍坊永利量具有限公司
13	磁力线坠	上海惠申	DWP-91A	个	2	上海惠申
14	放大镜	北京联谊	PZ-B300/400	个	2	北京联谊
15	望远镜			个	1	
16	温湿度表		7-15×35	只	2	

第三章 常用标准规范与编审文件

第一节 常用标准规范

规范选用原则是，设计文件或通过设计交底已明确的按设计文件选用，设计文件不明确的，优先选用电力行业标准；电力行业无相应标准或相应标准中未规定的内容选用国家标准。属石化项目中的自备热电联产工程，应同时考虑石化行业项目管理的总体要求，如资料归档、易燃易爆有毒有害介质管道、设备施工质量等，标准选用上就高不就低（表 3-1 至表 3-10）。

表 3-1　　　　　　　　　　工程监理／项目管理相关标准规范

序号	名称	编号
1	《建设工程监理规范》	GB/T 50319 — 2013
2	《电力建设工程监理规范》	DL/T 5434 — 2009 新版征求意见中
3	《石油化工建设工程项目监理规范》	SH/T 3903 — 2017
4	《建设工程项目管理规范》	GB/T 50326 — 2017
5	《建设工程文件归档规范》	GB/T 50328 — 2014
6	《石油化工建设工程项目交工技术文件规定》	SH/T 3503 — 2017
7	《建设工程施工合同（示范文本）》	GF-2013 — 0201
8	《建设工程监理合同（示范文本）》	GF-2012 — 0202
9	《石油化工建设工程项目施工技术文件编制规范》	SH/T 3550 — 2012

表 3-2　　　　　　　　　　电力工程相关标准规范

序号	名称	编号
1	《电力行业锅炉压力容器安全监督规程》	DL/T 612 — 2017

续表

序号	名称		编号
2	《电站锅炉压力容器检验规程》		DL 647—2004
3	《电力建设安全工作规程》	第1部分：火力发电	DL 5009.1—2014
		第2部分：电力线路	DL 5009.2—2013
		第3部分：变电站	DL 5009.3—2013
4	《火力发电厂工程测量技术规程》		DL/T 5001—2014
5	《电力建设施工技术规范》	第1部分：土建结构工程	DL 5190.1—2012
		第2部分：锅炉机组	DL 5190.2—2019
		第3部分：汽轮发电机组	DL 5190.3—2019
		第4部分：热工仪表及控制装置	DL 5190.4—2019
		第5部分：管道及系统	DL 5190.5—2019
		第6部分：水处理和制（供）氢设备及系统	DL 5190.6—2019
		第7部分：焊接工程	DL 5190.7—2012
		第8部分：加工配制	DL 5190.8—2019
		第9部分：水工结构工程	DL 5190.9—2012
6	《火力发电厂金属技术监督规程》		DL/T 438—2016
7	《电力钢结构焊接通用技术条件》		DL/T 678—2013
8	《焊工技术考核规程》		DL/T 679—2012
9	《焊接工艺评定规程》		DL/T 868—2014
10	《火力发电厂焊接技术规程》		DL/T 869—2012
11	《火力发电厂异种钢焊接技术规程》		DL/T 752—2010
12	《火力发电厂焊接热处理技术规程》		DL/T 819—2019
13	《管道焊接接头超声波检测技术规程 第2部分：A型脉冲反射法》		DL/T 820.2—2019
14	《金属熔化焊对接接头射线检测技术和质量分级》		DL/T 821—2017
15	《火力发电厂锅炉化学清洗导则》		DL/T 794—2012
16	《叶轮给煤机》		DL/T 649—2014
17	《配电系统电气装置安装工程施工及验收规范》		DL/T 5759—2017
18	《1 000 kV 交流系统电力设备现场试验实施导则》		DL/T 309—2010

序号	名称		编号
19	《高压直流设备验收试验》		DL/T 377—2010
20	《现场绝缘试验实施导则》		DL/T 474.1-5—2018
21	《发电机励磁系统及装置安装、验收规程》		DL/T 490—2011
22	《35 kV～110 kV变电站自动化系统验收规范》		DL/T 1101—2009
23	《110 kV～750 kV架空输电线路施工质量检验及评定规程》		DL/T 5168—2016
24	《电力建设施工质量验收规程》	第1部分：土建工程（含评价）	DL/T 5210.1—2012
		第2部分：锅炉机组	DL/T 5210.2—2018
		第3部分：汽轮发电机组	DL/T 5210.3—2018
		第4部分：热工仪表及控制装置	DL/T 5210.4—2018
		第5部分：焊接	DL/T 5210.5—2018
		第6部分：调整试验	DL/T 5210.6—2019
25	《电气装置安装工程质量检验及评定规程》	第1部分：通则	DL/T 5161.1—2018
		第2部分：高压电器施工质量检验	DL/T 5161.2—2018
		第3部分：电力变压器、油浸电抗器、互感器施工质量检验	DL/T 5161.3—2018
		第4部分：母线装置施工质量检验	DL/T 5161.4—2018
		第5部分：电缆线路施工质量检验	DL/T 5161.5—2018
		第6部分：接地装置施工质量检验	DL/T 5161.6—2018
		第7部分：旋转电机施工质量检验	DL/T 5161.7—2018
		第8部分：盘、柜及二次回路接线施工质量检验	DL/T 5161.8—2018
		第9部分：蓄电池施工质量检验	DL/T 5161.9—2018
		第10部分：66 kV及以下架空电力线路施工质量检验	DL/T 5161.10—2018
		第11部分：通信工程施工质量检验	DL/T 5161.11—2018
		第12部分：低压电器施工质量检验	DL/T 5161.12—2018
		第13部分：电力变流设备施工质量检验	DL/T 5161.13—2018
		第14部分：起重机电气装置施工质量检验	DL/T 5161.14—2018

续表

序号	名称	编号
	第15部分：爆炸及火灾危险环境电气装置施工质量检验	DL/T 5161.15 — 2018
	第16部分：1 kV及以下配线工程施工质量检验	DL/T 5161.16 — 2018
	第17部分：电气照明装置施工质量检验	DL/T 5161.17 — 2018
26	《火力发电厂袋式除尘器用滤袋技术要求》	DL/T 1619 — 2016
27	《火电厂烟气脱硝技术导则》	DL/T 296 — 2011
28	《火电厂烟气脱硫吸收塔施工及验收规程》	DL/T 5418 — 2009
29	《火电厂烟气脱硫工程施工质量验收及评定规程》	DL/T 5417 — 2009
30	《锅炉启动调试导则》	DL/T 852 — 2016
31	《汽轮机启动调试导则》	DL/T 863 — 2016
32	《循环流化床锅炉砌筑工艺导则》	DL/T 5705 — 2014
33	《循环流化床锅炉启动调试导则》	DL/T 340 — 2010
34	《循环流化床锅炉性能试验规程》	DL/T 964 — 2005
35	《火力发电建设工程机组调试技术规范》	DL/T 5294 — 2013
36	《火力发电建设工程机组蒸汽吹管导则》	DL/T 1269 — 2013
37	《火力发电建设工程启动试运及验收规程》	DL/T 5437 — 2009

表3-3 安全、环境、卫生相关标准规范

序号	名称	编号
1	《建筑施工安全技术统一规范》	GB 50870 — 2013
2	《安全标志及其使用导则》	GB 2894 — 2008
3	《石油化工建设工程施工安全技术标准》	GB/T 50484 — 2019
4	《起重机械安全规程 第1部分：总则》	GB 6067.1 — 2010
5	《起重机械安全规程 第5部分：桥式和门式起重机》	GB 6067.5 — 2014
6	《塔式起重机安全规程》	GB 5144 — 2006
7	《施工升降机安全使用规程》	GB/T 34023 — 2017
8	《龙门架及井架物料提升机安全技术规范》	JGJ 88 — 2010
9	《建筑机械使用安全技术规程》	JGJ 33 — 2012

序号	名称	编号
10	《建筑施工起重吊装工程安全技术规范》	JGJ 276 — 2012
11	《建筑施工高处作业安全技术规范》	JGJ 80 — 2016
12	《施工现场临时用电安全技术规范》	JGJ 46 — 2005
13	《建筑施工扣件式钢管脚手架安全技术规范》	JGJ 130 — 2011
14	《建筑施工模板安全技术规范》	JGJ 162 — 2008
15	《液压滑动模板施工安全技术规程》	JGJ 65 — 2013
16	《石油化工工程临时用电配电箱安全技术规范》	SH/T 3556 — 2015
17	《石油化工工程起重施工规范》	SH/T 3536 — 2011
18	《石油化工大型设备运输施工规范》	SH/T 3557 — 2015
19	《石油化工大型设备吊装工程施工技术规程》	SH/T 3515 — 2017

表 3-4 建筑工程相关标准规范

序号	名称	编号
1	《建筑工程施工质量验收统一标准》	GB 50300 — 2013
2	《土方与爆破工程施工及验收规范》	GB 50201 — 2012
3	《建筑边坡工程技术规范》	GB 50330 — 2013
4	《建筑基坑支护技术规程》	JGJ 120 — 2012
5	《建筑基坑支护结构构造》	11SG814
6	《建筑基坑工程监测技术标准》	GB 50497 — 2019
7	《岩土锚杆与喷射混凝土支护工程技术规范》	GB 50086 — 2015
8	《基坑土钉支护技术规程》	CECS 96：97
9	《喷射混凝土应用技术规程》	JGJ/T 372 — 2016
10	《建筑地基基础工程施工质量验收标准》	GB 50202 — 2018
11	《建筑地基基础工程施工规范》	GB 51004 — 2015
12	《建筑桩基技术规范》	JGJ 94 — 2008
13	《建筑基桩检测技术规范》	JGJ 106 — 2014
14	《建筑深基坑工程施工安全技术规范》	JGJ 311 — 2013
15	《石油化工钢制储罐地基与基础施工及验收规范》	SH/T 3528 — 2014

续表

序号	名称	编号
16	《石油化工设备混凝土基础工程施工质量验收规范》	SH/T 3510—2017
17	《砌体结构工程施工质量验收规范》	GB 50203—2011
18	《混凝土结构工程施工质量验收规范》	GB 50204—2015
19	《混凝土结构工程施工规范》	GB 50666—2011
20	《混凝土质量控制标准》	GB 50164—2011
21	《大体积混凝土施工标准》	GB 50496—2018
22	《大体积混凝土温度测控技术规范》	GB/T 51028—2015
23	《预拌混凝土》	GB/T 14902—2012
24	《混凝土外加剂应用技术规范》	GB 50119—2013
25	《回弹法检测混凝土抗压强度技术规程》	JGJ/T 23—2011
26	《混凝土强度检验评定标准》	GB/T 50107—2010
27	《混凝土泵送施工技术规程》	JGJ/T 10—2011
28	《钢筋焊接及验收规程》	JGJ 18—2012
29	《钢筋机械连接技术规程》	JGJ 107—2016
30	《组合钢模板技术规范》	GB/T 50214—2013
31	《滑动模板工程技术标准》	GB/T 50113—2019
32	《工业炉砌筑工程施工与验收规范》	GB 50211—2014
33	《建筑防腐蚀工程施工规范》	GB 50212—2014
34	《建筑给水排水及采暖工程施工质量验收规范》	GB 50242—2002
35	《通风与空调工程施工质量验收规范》	GB 50243—2016
36	《建筑节能工程施工质量验收标准》	GB 50411—2019
37	《建筑电气工程施工质量验收规范》	GB 50303—2015
38	《电梯工程施工质量验收规范》	GB 50310—2002
39	《智能建筑工程质量验收规范》	GB 50339—2013
40	《建筑内部装修防火施工及验收规范》	GB 50354—2005
41	《烟囱工程施工及验收规范》	GB 50078—2008
42	《工程测量规范》	GB 50026—2007

续表

序号	名称	编号
43	《建筑施工临时支撑结构技术规范》	JGJ 300 — 2013

表 3-5　　　　　　　　　　　　钢结构工程相关标准规范

序号	名称	编号
1	《钢结构工程施工质量验收标准》	GB 50205 — 2020
2	《石油化工钢结构工程施工质量验收规范》	SH/T 3507 — 2011
3	《石油化工钢结构防火保护技术规范》	SH/T 3137 — 2013
4	《钢桁架构件》	JG/T 8 — 2016
5	《钢结构高强度螺栓连接技术规程》	JGJ 82 — 2011
6	《钢结构焊接规范》	GB 50661 — 2011
7	《焊接 H 型钢》	YB/T 3301 — 2005
8	《冷弯薄壁型钢结构技术规范》	GB 50018 — 2002
9	《钢网架螺栓球节点用高强度螺栓》	GB/T 16939 — 2016
10	《钢网架螺栓球节点》	JG/T 10 — 2009
11	《空间网格结构技术规程》	JGJ 7 — 2010
12	《建筑钢结构防火技术规范》	CECS 200 — 2006

表 3-6　　　　　　　　　　　　设备安装工程相关标准规范

序号	名称	编号
1	《压力容器》（含第 1 号、第 2 号修改单）	GB 150 — 2011
2	《机械设备安装工程施工及验收通用规范》	GB 50231 — 2009
3	《风机、压缩机、泵安装工程施工及验收规范》	GB 50275 — 2010
4	《石油化工静设备安装工程施工质量验收规范》	GB 50461 — 2008
5	《立式圆筒形钢制焊接储罐施工规范》	GB 50128 — 2014
6	《循环流化床锅炉施工及质量验收规范》	GB 50972 — 2014
7	《石油化工机器设备安装工程施工及验收通用规范》	SH/T 3538 — 2017
8	《石油化工安装工程施工质量验收统一标准》	SH/T 3508 — 2011
9	《石油化工泵组施工及验收规范》	SH/T 3541 — 2007

序号	名称	编号
10	《石油化工离心式压缩机组施工及验收规范》	SH/T 3539 — 2019
11	《石油化工静设备安装工程施工技术规程》	SH/T 3542 — 2007
12	《石油化工筑炉工程施工质量验收规范》	SH/T 3534 — 2012
13	《石油化工钢制压力容器》	SH/T 3074 — 2018
14	《石油化工立式圆筒形钢制储罐施工技术规程》	SH/T 3530 — 2011

表 3-7　　　　　　　　　　管道安装工程相关标准规范

序号	名称	编号
1	《压力管道安全技术监察规程——工业管道》	TSG D0001 — 2009
2	《工业金属管道工程施工规范》	GB 50235 — 2010
3	《工业金属管道工程施工质量验收规范》	GB 50184 — 2011
4	《石油化工金属管道工程施工质量验收规范》	GB 50517 — 2010
5	《流体输送用不锈钢无缝钢管》	GB/T 14976 — 2012
6	《输送流体用无缝钢管》	GB/T 8163 — 2018
7	《流体输送用不锈钢焊接钢管》	GB/T 12771 — 2019
8	《普通流体输送管道用埋弧焊钢管》	SY/T 5037 — 2018
9	《普通流体输送管道用直缝高频焊钢管》	SY/T 5038 — 2018
10	《油气输送管道跨越工程施工规范》	GB 50460 — 2015
11	《工业有色金属管道工程施工及质量验收规范》	GB/T 51132 — 2015

表 3-8　　　　　　　　　　防腐、绝热保温工程相关标准规范

序号	名称	编号
1	《石油化工涂料防腐蚀工程施工质量验收规范》	SH/T 3548 — 2011
2	《石油化工设备和管道涂料防腐蚀技术标准》	SH/T 3022 — 2019
3	《钢质石油储罐防腐蚀工程技术标准》	GB/T 50393 — 2017
4	《工业设备及管道绝热工程施工规范》	GB 50126 — 2008
5	《工业设备及管道绝热工程施工质量验收标准》	GB/T 50185 — 2019
6	《石油化工设备管道钢结构表面色和标志规定》	SH/T 3043 — 2014
7	《埋地钢质管道环氧煤沥青防腐层技术标准》	SY/T 0447 — 2014

续表

序号	名称	编号
8	《设备及管道绝热技术通则》	GB/T 4272 — 2008
9	《涂覆涂料前钢材表面处理 表面清洁度的目视评定 第 1 部分：未涂覆过的钢材表面和全面清除原有涂层后的钢材表面的锈蚀等级和处理等级》	GB/T 8923.1 — 2011

表 3-9　　　　　　　　　　　　　焊接、试验方法相关标准规范

序号	名称		编号
1	《不锈钢复合钢板焊接技术要求》		GB/T 13148 — 2008
2	《现场设备、工业管道焊接工程施工规范》		GB 50236 — 2011
3	《焊缝无损检测 射线检测》	第 1 部分：X 和伽玛射线的胶片技术	GB/T 3323.1 — 2019
		第 2 部分：使用数字化探测器的 X 和伽玛射线技术	GB/T 3323.2 — 2019
4	《无损检测 伽玛射线全景曝光照相检测方法》		GB/T 16544 — 2008
5	《焊接接头冲击试验方法》		GB/T 2650 — 2008
6	《石油化工异种钢焊接规范》		SH/T 3526 — 2015
7	《石油化工不锈钢复合钢焊接规程》		SH/T 3527 — 2009
8	《石油化工铬镍不锈钢、铁镍合金和镍合金焊接规程》		SH/T 3523 — 2009
9	《石油化工铬钼钢焊接规范》		SH/T 3520 — 2015
10	《压力容器焊接规程》		NB/T 47015 — 2011
11	《承压设备产品焊接试件的力学性能检验》		NB/T 47016 — 2011
12	《承压设备无损检测》		NB/T 47013.1～47013.13 — 2015

表 3-10　　　　　　　　　　　　　电气、仪表工程相关标准规范

序号	名称	编号
1	《电气装置安装工程 电缆线路施工及验收标准》	GB 50168 — 2018
2	《电气装置安装工程 接地装置施工及验收规范》	GB 50169 — 2016
3	《电气装置安装工程 高压电器施工及验收规范》	GB 50147 — 2010
4	《电气装置安装工程 电力变压器、油浸电抗器、互感器施工及验收规范》	GB 50148 — 2010
5	《电气装置安装工程 母线装置施工及验收规范》	GB 50149 — 2010
6	《电气装置安装工程 电气设备交接试验标准》	GB 50150 — 2016

序号	名称	编号
7	《电气装置安装工程 盘、柜及二次回路接线施工及验收规范》	GB 50171—2012
8	《电气装置安装工程 低压电器施工及验收规范》	GB 50254—2014
9	《电气装置安装工程 爆炸和火灾危险环境电气装置施工及验收规范》	GB 50257—2014
10	《火灾自动报警系统施工及验收标准》	GB 50166—2019
11	《石油化工仪表工程施工技术规程》	SH/T 3521—2013
12	《石油化工仪表工程施工质量验收规范》	SH/T 3551—2013
13	《自动化仪表工程施工及质量验收规范》	GB 50093—2013
14	《综合布线系统工程验收规范》	GB/T 50312—2016
15	《自动喷水灭火系统施工及验收规范》	GB 50261—2017

第二节　应编制的监理规划、细则、台账

一、监理规划与监理细则

监理规划是项目监理机构全面开展电力建设工程监理工作的指导性文件。监理规划必须在第一次工地会议前编审完毕，不应过分强调施工图到位情况而拖延，也不应照搬监理投标文件中的监理大纲，应立足于项目监理的实际指导作用。为体现监理单位的投标诚信，规划中涉及资源投入等建设单位关注的内容与监理大纲有明显差异的应在规划中做出合理说明，并随着工程进展中有关资料的逐步到位，对监理规划进行修订，增强针对性和实用性。

监理细则是项目监理机构开展某一专业或某一方面电力建设工程监理工作的操作性文件，对专业性较强、危险性较大的分部分项工程（简称"危大工程"），监理机构应编制监理实施细则。

热电联产工程的监理机构应编制的主要监理规划、细则见表3-11，内容及编审要求应符合监理规范。

表 3-11　　　　　　　　　　　　　　监理规划与监理细则一览表

序号	资料名称	备注
1	监理规划	与监理合同对应
2	桩基工程监理实施细则	
3	土建专业工程监理实施细则	可按火电、输配电、输储煤等分区编制
4	输变电杆塔基础工程监理实施细则	
5	钢结构工程监理实施细则	
6	烟囱滑模监理实施细则	
7	灰库翻模施工监理实施细则	
8	锅炉专业工程监理实施细则	
9	汽轮机专业工程监理实施细则	
10	化水专业工程监理实施细则	
11	静设备监理实施细则	可分区域编制
12	动设备监理实施细则	可分区域编制
13	工艺管道监理实施细则	可分区域编制
14	给排水管道安装监理实施细则	可分区域编制
15	焊接专业工程监理实施细则	
16	无损检测专业工程监理实施细则	
17	电气专业工程监理实施细则	可按火电、输配电等分区编制
18	输变电杆塔组立工程监理实施细则	
19	输变电架线工程监理实施细则	
20	热控专业工程监理实施细则	可按火电、输配电等分区编制
21	输变电调试工程监理实施细则	
22	火电系统调试工程监理实施细则	
23	HSE 监理实施细则	
24	危大工程监理实施细则	
25	旁站监理实施细则	可分专业编写
26	工程平行检验监理实施细则	可分专业编写

序号	资料名称	备注
27	工程见证取样监理实施细则	可分专业编写

二、监理台账

(1) 工程变更监理台账（表 3-12）

(2) 监理通知单 / 工程联系单台账（表 3-13）

(3) 施工组织设计 / 方案报审台账（表 3-14）

(4) 工程材料报验台账（表 3-15）

(5) 焊工监理台账（表 3-16）

(6) 见证取样台账（表 3-17）

(7) 平行检验台账（表 3-18）

(8) 旁站监理台账（表 3-19）

(9) 混凝土浇筑监理台账（表 3-20）

(10) 设备 / 管道试压监理台账（表 3-21）

(11) 单机试车监理台账（表 3-22）

(12) 工程进度款支付台账（表 3-23）

(13) 安全监理台账（表 3-24）

(14) 设备缺陷台账（表 3-25）

表 3-12 　　　　　　　　　　　　工程变更监理台账

项目名称：　　　　　设计单位：　　　　　专业：　　　　　总监：

序号	签收日期	变更单编号	提出单位	主要工程内容概要	完成时间	确认人

注：大型项目按专业分类填写　　　　　　　　　　　　　填表人：

表 3-13　　　　　　　　　监理通知单／工程联系单台账

工程名称：　　　　　　　　　　　　　　　　总监：

序号	监理通知单／工程联系单事由	编号	签收人	签收时间	整改结果（回复情况）	确认人	确认时间

填表人：

表 3-14

项目名称：

施工组织设计／方案报审台账

承包单位： 总监： 编号： 填表人：

序号	版本号	文件名称（专家论证意见）	监理收到日期	监理审核结果／日期			建设单位审批日期	是否专家论证	审核／审批人
				审核结果	返总包整改日期	监理复审结果／日期			

表 3-15

项目名称：

单位工程名称：

工程材料报验台账

总监：

序号	报验单编号	材料名称	规格型号	单位	数量	到场日期	产地	使用部位	质保资料名称及编号	监理签认人	备注

填表人：

表 3-16

项目名称：

焊工监理台账

承包单位：　　　　　　　　　　总监：

序号	焊工姓名	性别	年龄	合格证编号	焊工钢印号	焊接技能评定项目 X1-X2-X3-X4-X5-X6-X7	进场验证考试合格证号	进场时间	施焊工程内容	焊接一次合格率情况	确认人

注：X1—焊接方法；X2—金属材料类别；X3—试件位置；X4—焊缝金属厚度；X5—外径；X6—填充金属类别；X7—焊接工艺因素。详见 TSG Z6002—2010 相关规定。

填表人：

表 3-17

见证取样台账

项目名称：

承包单位：　　　　　　　　　试验 / 检测单位：　　　　　　　　　总监：

序号	取样日期	品名、规格	工程使用部位	进场数量	质保书编号	试样组数	代表数量	委托单编号	报告编号	检验结果及处置情况	见证人

填表人：

表 3-18

项目名称：

平行检验台账

承包单位：　　　　　　　　　　　　　　　　　　　总监：

序号	检验日期	检测部位	检测工程名称	检测比例	检测工具	对应检验批报验单编号	自检记录或外委报告单编号	检测结果	检测人

填表人：

表 3-19

项目名称：

旁站监理台账

总监：

序号	旁站日期 / 时间	旁站部位及工程内容	承包单位	旁站记录编号	施工过程主要事项记录	旁站人

填表人：

表3-20

项目名称：

混凝土浇筑监理台账

承包单位：　　　　　　　　　　　　　总监：

序号	浇筑申请单编号	浇筑部位	混凝土标号／配合比报告单编号	原材料检验批验收记录或商品混凝土质量证明编号	钢筋检验批验收记录编号	模板检验批验收记录编号	浇筑日期	旁站记录编号	强度报告编号／收到日期	监理人

填表人：

表 3-21

项目名称：

设备 / 管道试压监理台账

承包单位：　　　　　　　　　　　　　　　　　　　　总监：

序号	试压包编号及试验设备位号 / 管线号	铬钼钢材质确认	无损检测确认	热处理确认	支吊架确认	盲板确认	试验压力 /MPa	试压日期	试验记录编号及结果	监理确认人

填表人：

表 3-22

项目名称:

单机试车监理台账

承包单位:　　　　　　　　　　　　　　总监:

序号	试车设备名称/位号及其相关系统设备位号/管线号	油系统确认	找正对中确认	入口过滤器确认	系统配套条件确认	安保条件确认	负荷状态及主要运行参数	试车日期/试运时间	试车结果	监理确认人

填表人:

表 3-23

工程进度款支付台账

工程名称：　　　　　　　合同编号：　　　　　　　合同价款（万元）　　　　　　　承包单位：

序号	申请日期	申报表编号及主要申请内容	完成工作量/万元	申请支付金额/万元	批准支付金额/万元	累计批准支付金额/万元	剩余工程款/万元	备注

填表人：　　　　　　　　　　　　　总监：

表 3-24

工程名称：

安全监理台账

总监：

序号	核查/检查日期	危险源辨识或危大工程表	承包单位安全管理体系	安全管理/特种作业人员资质及到岗	施工机械设施的安全许可验收手续	安全防护设施配制	危大工程专项方案及专家论证	危大工程巡视或旁站安全联合检查	安全监理通知/通报/停工报告	安全会议	安全生产专项费审核	应急预案及演练

填表人：

表 3-25　　　　　　　　　　　　　　　　设备缺陷台账

序号	设备缺陷	发现时间	责任单位	整改要求	整改闭环情况	完成时间

注：本表由项目监理机构填写，项目监理机构自存____份。

第三节　应审查的施工组织设计及方案

一、承包单位应编制的施工组织设计及方案

1. 承包单位应编制施工组织设计

承包单位应按合同项目编制施工组织设计。SH/T 3550《石油化工建设工程项目施工技术文件编制规范》规定，独立承建的建筑、安装单位工程和检修改造工程，经建设 / 监理单位同意，可用施工技术方案代替施工组织设计。

2. 应编制施工方案的工程

各专业工程；规模大，结构、技术复杂或新结构、新技术、新工艺、特种结构等分部分项工程；系统试验、冲洗、试车等；危险性较大的分部分项工程应编制专项安全施工方案。

3. 热电联产工程承包单位应向监理机构报审的施工组织设计、主要施工方案（表 3-26 至表 3-37）

表 3-26　　　　　　　　综合类施工组织设计和主要施工方案

序号	方案名称	备注
1	汽电联产施工组织设计	报建设单位审批
2	汽电联产总体统筹计划	报建设单位审批
3	工程质量控制点设置及检试验计划	石化项目 A 级控制点报建设单位审批
4	文明施工和标准化工地方案	含扬尘治理
5	施工总平面布置方案	报建设单位审批
6	冬雨季施工方案	专项
7	施工用电方案	专项

表 3-27　　　　　　　　土建施工方案

序号	方案名称	备注
1	桩基施工方案	
2	汽轮机主厂房基坑开挖方案	危大工程专项

续表

序号	方案名称	备注
3	基坑支护方案	危大工程专项
4	锅炉基础施工方案	
5	汽轮发电机基础施工方案	
6	主厂房施工方案	
7	汽轮机主厂房高支模施工方案	危大工程专项，专家论证
8	汽轮机主厂房钢管脚手架施工	危大工程专项，专家论证
9	汽轮机主厂房行车梁安装方案	跨度大于 36 m，危大工程专项，专家论证
10	集控楼施工方案	
11	除尘器建筑施工方案	
12	煤栈桥吊装方案	危大工程专项
13	烟囱施工方案	危大工程专项，专家论证
14	烟囱施工设备拆除方案	危大工程专项
15	烟囱油漆涂装方案	危大工程专项
16	输储煤煤仓基坑开挖方案	危大工程专项，专家论证
17	输储煤地下通道开挖方案	危大工程专项，专家论证
18	输储煤煤仓高支模施工方案	危大工程专项，专家论证
19	输储煤煤仓承重脚手架施工方案	危大工程专项，专家论证
20	储煤仓网架安装方案	跨度大于 60 m，危大工程专项，专家论证
21	输储煤煤仓网架高处作业施工方案	高 15 m 以上，危大工程专项
22	翻车机基坑施工方案	深 12～15 m，危大工程专项，专家论证
23	大体积混凝土施工方案	专项
24	吸收塔基础施工方案	
25	烟囱航空标志施工方案	危大工程专项
26	煤水池施工方案	
27	电缆沟施工方案	
28	厂区道路施工方案	

表 3-28 锅炉施工方案

序号	方案名称	备注
1	锅炉钢结构安装方案	
2	锅炉钢结构大板梁、汽包吊装方案	危大工程专项
3	锅炉钢结构脚手架施工方案	危大工程专项
4	汽包安装方案	
5	水冷壁组合安装方案	
6	过热器组合安装方案	
7	再热器组合安装方案	
8	省煤器组合安装方案	
9	锅炉密封方案	
10	空预器安装方案	
11	燃烧器安装方案	
12	风机安装施工方案	
13	水压试验方案	
14	筑炉施工方案	
15	锅炉和炉前系统酸洗方案	
16	锅炉冷态试验调试方案	

表 3-29 汽轮发电机组施工方案

序号	方案名称	备注
1	汽轮发电机组吊装方案	
2	汽轮机安装方案	
3	发电机安装方案	
4	汽轮发电机组润滑油系统施工方案	
5	汽轮发电机组润滑油系统循环冲洗方案	
6	汽轮发电机组试车方案	

表 3-30   除尘施工方案

序号	方案名称	备注
1	袋式除尘器组合方案	
2	电除尘器组合方案	

表 3-31   脱硫 / 脱硝装置施工方案

序号	方案名称	备注
1	脱硫塔脚手架施工方案	危大工程专项
2	脱硫塔防腐玻璃鳞片施工方案	危大工程专项
3	SCR 反应器安装方案	

表 3-32   其他机务施工方案

序号	方案名称	备注
1	吊装方案	危大工程专项
2	除氧器安装方案	
3	锅炉给水泵施工方案	
4	旋风分离器安装方案	
5	旋风分离器衬里施工方案	
6	磨煤机安装方案	
7	输煤设备施工方案	
8	一般机泵类安装施工方案	
9	设备防腐保温施工方案	
10	汽轮机房行车安装技术方案	
11	点火油罐玻璃鳞片防腐作业方案	危大工程专项
12	检修起吊设施安装及负荷试验施工方案	
13	一般机泵单机试运方案	
14	输煤、碎煤设备（磨煤机、管带机、堆取料机等）试运方案	
15	电梯安装调试方案	

表 3-33　　　　　　　　　　　　　管道施工方案

序号	方案名称	备注
1	给排水管道施工方案	
2	工艺管道施工方案	
3	管道无损检查方案	
4	管道热处理方案	
5	烟道（风道）施工方案	
6	管道试压吹扫方案	
7	管道防腐保温方案	
8	管道 γ 源无损检测作业方案	危大工程专项

表 3-34　　　　　　　　　　　　　电气施工方案

序号	方案名称	备注
1	变压器安装方案	
2	变压器拖运吊装方案	
3	电缆桥架及电缆保护管安装方案	
4	低压厂用配电装置安装方案	
5	电缆敷设方案	
6	应急电源安装方案	
7	防雷设施安装方案	
8	高压电机试运方案	
9	变压器调试方案	
10	厂用电受电方案	

表 3-35　　　　　　　　　　　　　仪表施工方案

序号	方案名称	备注
1	仪表安装施工方案	
2	DEH 系统调试方案	
3	分散控制系统（DCS）调试方案	

表 3-36   HSE 管理方案（石化行业要求 HSE 管理）

序号	方案名称	备注
1	施工 HSE 管理方案	
2	扬尘治理方案	
3	施工应急救援预案	

表 3-37   调试、启动投运方案

序号	方案名称	备注
1	调试大纲	调试单位编报
2	调试方案和调试措施	调试单位编报
3	输变电工程投运方案	
4	发电工程机组整套启动试运方案	

二、审查要点

（1）承包单位内部编审程序是否符合相关规定。施工组织设计和重大施工方案施工方批准人应为承包单位技术负责人而非现场项目部负责人。这是现场常见的不规范问题，应引起重视。

（2）总监应组织各专业监理工程师审查施工组织设计并进行会签。对规模大，结构、技术复杂或大型机组、大件吊装及新结构、新技术、特种结构工程等重大施工组织设计（技术方案），必要时，总监可在签署审核意见前提请公司组织技术专家帮助会审，会审意见纳入监理机构会审意见反馈给承包单位。

（3）施工组织设计和超规模危险性较大工程专项施工方案、生产区施工方案、建设单位要求审批的其他方案，总监理工程师签认后应报建设单位审批。

（4）施工方案的可施工性应结合现场环境进行审查，如临近建构筑物、设备设施、架空电缆等影响。

（5）超规模危险性较大工程（简称"超危大工程"）专项施工方案应有专家论证报告及安全验算结果。

（6）施工组织设计（方案）内容的完整性、针对性、安全质量技术措施与强制性标准的符合性、资源配置和进度安排的合理性等。

第四章 土建工程特点和监理要点

第一节 烟囱工程

一、工程概况（以某项目为例）

烟囱为双套筒结构，内筒为悬挂式钢内筒，外筒为钢筋混凝土结构。内、外筒顶标高为 180 m、175 m，上、下直径为 16.5 m、24.5 m。钢筋混凝土外筒壁上、下厚度为 300 mm、500 mm，沿烟囱高度方向均匀减小。混凝土筒壁强度等级：标高 0~30 m 为 C35、标高 30~175 m 为 C30。钢筋混凝土外筒壁下部设置两个烟道连接留孔，留孔尺寸为 $5\,900 \times 6\,800(h)\,mm^2$，孔底标高为 12 m；外筒壁底部还设置一个安装孔，尺寸为 $5\,000 \times 7\,000\,(h)\,mm^2$，待内筒施工完成后用砖墙封堵，改为 $2\,400 \times 2\,400\,(h)\,mm^2$ 人孔。钢筋混凝土外筒壁与排烟内筒之间沿烟囱高度方向设置 6 层内部平台，标高分别为 12 m、60 m、110 m、150 m、172.5 m。

二、工程特点

烟囱采用液压滑升模板（简称"滑模"）施工，是现浇钢筋混凝土工程中机械化施工水平较高的施工方法之一。滑模施工利用液压传动控制系统，使千斤顶在支撑杆上爬升，从而带动模板系统及操作平台系统向上滑升，并且在模板滑升过程中完成钢筋混凝土结构施工。滑模施工具有节约模板和脚手架、施工速度快、机械化水平高、施工连续性好、质量稳定等优点。由于滑模施工的不间断性，整个监理控制细节需要相应调整适应，更加注重质量预控工作。

三、监理工作要点

1.滑模施工方案的审查

滑模装置主要包括模板系统、操作平台系统、液压滑升系统。在滑模施工的事前控制阶段，对施工单位报审的施工方案，应重点审查以下方面。

(1) 模板系统

定型小钢模刚度好，易保证几何尺寸，但平整度和光滑度不够，与新浇筑混凝土摩阻力大，滑升过程中易拉裂仓壁混凝土；表面含超硬氧化膜的冷轧板柔性大，刚性稍差，但平整度和光滑度好，滑升摩阻力小，接缝严密。

(2) 操作平台系统

刚性操作平台系统整体刚度好，滑升过程中不易变形，适合较大荷载的施工，如带库顶钢梁滑升等，但纠偏难度大，适用于大直径的筒库和施工荷载较大的滑升；柔性操作平台系统整体刚度稍差，易变形，但改善了库体在滑升过程中对垂直度和转角的控制条件，可任意调整滑模时的精度，纠偏方便，适用于小直径的筒库和施工荷载不大的滑升。监理工程师应结合以上利弊情况分析，认真审查，根据总体施工组织设计和施工的筒体结构特点提出意见和要求。

(3) 液压滑升系统

液压滑升系统是整个滑模施工的核心，其施工荷载设计及组合、计算是否妥当，液压千斤顶选取是否合理，是滑模施工成败的关键，因此，监理方必须对整个液压滑升系统方案进行审查。审查重点：

①施工荷载取值是否适当。一般滑模施工荷载设计分四类：第一类为模板系统、操作平台系统的自重荷载；第二类为操作平台上的施工荷载；第三类为滑升时的摩阻力；第四类为根据施工方案确定的其他荷载。在审查时，要仔细审查方案中的每一项荷载取值是否适当，尤其不能漏项。

②荷载组合、计算。一般分为两种情况：滑升时荷载计算和上料浇筑混凝土的荷载计算，取最大值。

③千斤顶选取。根据选用的千斤顶型号，查出千斤顶的额定推力，取额定推力50%作为允许承载力。计算承载力应取按规范求得的支撑杆允许承载力与千斤顶的允许承载力两者中的较小者，根据施工荷载计算出所需千斤顶的数量，实际选用数量常常取计算数量的1.3~1.5倍。

④支撑杆稳定性审查。滑模千斤顶爬升所依附的垂直支撑杆，根据千斤顶的型号，分为 $\phi25$ 圆钢或 $\phi48 \times 3.5$ 钢管，支承杆接头相互错开设置，焊接处用手提砂轮机打磨光滑。千斤顶每次滑升行程一般为200~300 mm，正常情况下，模板与混凝土结构始终结合，支撑杆自由高度不高，无须进行稳定性计算。

2. 滑升施工阶段的控制要点

(1) 滑动模板的检查要点

组装前，必须清理好现场，理直插筋，并对插筋数量进行复核，洗净插筋和基础接触面泥土，除去浮动的混凝土残渣，弹出筒体的中心线、截面的轮廓线和提升架、洞口的位置线等，设立垂直控制点，按批准的方案组装模板。安装好的模板单面倾斜度为模板高度的0.2 %~0.5 %，按规范要求模板高1/2处净距为结构截面尺寸。模板采用新出厂模板，拼缝严密，表面平整。

组装完成后，主要检查模板的外观质量、钢模板的几何尺寸（应符合《组合钢模板技术规范》GB/T 50214—2013 要求）、烟囱中心引测点与基准点的偏差、任何截面上的半径等。

（2）钢筋工程的监理要点

在滑模施工中，钢筋隐蔽快，需旁站督促检查并及时做好记录。首段钢筋的绑扎在模板组装时进行，后续钢筋随模板的上升而分段绑扎，钢筋的绑扎速度应与混凝土的浇筑速度相配合。

每层混凝土浇筑完毕后，应保持表面至少有一道水平筋，作为继续绑扎的依据，以免造成漏绑钢筋。

对于钢筋的直螺纹接头，现场利用力矩扳手进行检查并及时进行见证取样复试工作，保证接头质量。

钢筋安装完成后，主要检查钢筋的品种、级别、规格、数量、竖向受力钢筋的连接方式、钢筋焊接质量、接头试验等。

（3）混凝土工程的监理要点

①用于滑模施工的混凝土，除应满足设计所规定的强度、耐久性等要求外，还应满足滑模施工工艺的要求，因此要根据施工时的气温、混凝土工程量和垂直运输能力来确定滑模施工的速度。

混凝土浇筑施工过程中按照规范要求对混凝土试块的留取进行见证取样（每 10 m 且不超过 100 m^3 留置一组）。

②混凝土浇筑的控制要点

a. 混凝土浇筑应划分区段，分两组对称均匀浇筑，每次浇筑 200～300 mm；每浇筑完一层，混凝土表面基本保持在同一水平面上。

b. 各层混凝土浇筑的方向，应有计划地、均匀地交替变换，防止结构发生倾斜或扭转。

c. 洞口两侧应对称均衡浇筑，防止胎膜受不对称侧压力的作用产生移位。

d. 混凝土的振捣采用小型振动器，振捣时避免触及钢筋、支撑杆和模板，振动器应插入下一层混凝土内，但插入下层混凝土深度不宜超过 50 mm。

e. 随时清理粘在模板内表面的砂浆或混凝土，以免结硬面增加滑升的摩阻力，影响表面光滑，造成质量问题。

f. 上、下层混凝土浇筑间歇时间如超过混凝土初凝时间，对接槎处应按施工缝处理。

g. 混凝土的出模强度是模板滑升控制的重点。理论上混凝土强度达到 0.3 MPa 就足以支撑自重，对于减小滑升时摩阻力来讲，出模强度越低越好。如果出模强度过低（小于 0.2 MPa），混凝土会出现变形、坍塌。当混凝土强度大于 1 MPa 时，混凝土对模板的摩阻力增大，易导致混凝土表面拉裂。试验表明，混凝土的最优出模强度控制在

0.2~0.4 MPa（贯入阻力值为 0.3~1.05 kN/cm）为宜。现场判别以滑出的混凝土表面指压后有轻微可见的指痕，砂浆不粘手，且滑升时听到"沙沙"的摩擦声为宜。

h. 混凝土脱模提升后，对于表面混凝土缺陷及时进行修补。

i. 混凝土浇筑完成后及时进行养护工作。

（4）模板滑升的监理要点

模板滑升分为初升、正常滑升、末升三个阶段。

①初升阶段

模板滑升前，首先要试升，主要是检查混凝土的凝结情况，判别混凝土能否出模，提升时间是否适宜。试升高度 50~60 mm（千斤顶 1~2 个行程），当混凝土出模强度适宜时就可以初升。

初升是组织正常滑模之前对滑模装置的工作状况是否正常进行的一次全面检查，以便发现问题，及时解决。初升时，将整个模板升高 200~300 mm，使混凝土不致粘住模板，然后对滑模装置系统进行全面检查、调整，随即转入正常滑升阶段。

检查内容：提升架受荷后是否倾斜变形；模板接缝是否正常，有无变形，漏浆，倾斜度是否正常；围圈受力是否均匀，螺栓有无松动，围圈刚度是否满足要求；操作平台各桁架或梁的受力情况，连接螺栓有无松动；结构截面轴线有无位移；千斤顶、油管接头有无漏油现象；支撑杆有无产生弯曲或被带起现象。

以上情况现场监理应做好全面检查，最直接的方法是把上述问题制成表格逐项检查，确认情况良好后，才能同意正常滑升。

②正常滑升阶段

正常滑升时采用间隔提升法，两次提升间隔时间一般不宜超过 1.5 h。为减小混凝土与模板的黏结力，防止混凝土被拉裂，在两次提升之间，应增加 1~2 次中间提升，每次可提升 1~2 个行程。

监理方应重点检查和控制滑升速度，根据正常滑模情况，提出滑升速度控制要求。滑升速度直接影响混凝土的施工质量和进度。影响实际滑升速度的因素：混凝土的凝结出模强度、施工季节和昼夜气温的变化、劳动力配备、混凝土的搅拌和垂直运输能力等。正常气温条件下，滑升速度一般控制在 150~300 mm/h 范围内。

③末升阶段

末升阶段，当滑致离库顶设计标高尚差 1 m 左右时，滑升速度应比正常滑升稍慢，此时应进行滑模装置准确抄平、找正，竖向标高进行复核工作；同时，钢梁安装的预埋件、洞口预留好；监理方应对此项工作认真检查，最终将剩余混凝土一次浇平。

（5）模板拆除

模板滑升到顶后，凡能立即拆除的部件，即刻拆除，以减轻平台的负荷，对暂不能拆除的部件（如螺栓、千斤顶等），应进行保养。

待混凝土达到拆模的强度（一般为设计混凝土强度 75%）后，再将滑动模板装置其余部分拆除。一般拆除方法是将模板和围圈、提升架等沿周长分段拆除。

（6）垂直度的检查

烟囱刚度较大，每滑升 1 m 至少应检查一次。具体方法：利用吊线锤（60 kg）进行对中，每次提升后，放下线锤，观察偏差状况，一旦发现偏差超标，及时通知施工单位进行纠偏处理。

（7）预埋件和预留洞口的留设

本项目烟囱有较多的预埋件和洞口，为确保它们的位置正确和避免遗漏，施工前监理方应要求施工方绘制预埋件和洞口平面图，标明型号、标高、尺寸、位置和数量，并认真审查。施工过程中，要求施工方专人负责管理，采取按图销号的办法逐步安设、检查。

预埋件要求：位置正确，不得突出模板表面，固定牢固，一般是将它焊接在结构筋上，待滑模过后，立即清除表面附着灰浆，使其外露。预埋件位置偏差不大于 20 mm。

预留洞口要求：事先做好衬框，其尺寸应比设计尺寸大 20~30 mm，厚度应比滑动模板上口小 10~15 mm，浇筑混凝土时，应在衬框两侧对称进行，以免其受力不均移动。

较小的孔洞可在滑升过程中放置木材、泡沫塑料等材料制成的空心或实心的孔洞胎膜的办法来留设。

3.施工中常见问题及处理

（1）支撑杆弯曲

在滑升过程中，由于支撑杆本身不直或负荷太重，遇有障碍时强行提升、千斤顶歪斜、相邻千斤顶之间升差太大及脱空过长等，都易使支撑杆失去稳定而弯曲。遇到以上情况，应要求施工方及时处理，以免引起质量和安全事故。一般处理办法如下：

①支撑杆在混凝土内部弯曲

可根据模板滑出后，混凝土表面凸出并出现裂缝等现象发现。遇此情况，应暂停使用该千斤顶，先将弯曲处已破损的混凝土清除，然后根据弯曲程度的不同分别处理。若弯曲程度不大，可用 L 形螺栓双面搭接焊加固。若弯曲严重，可将弯曲部分切断，再用钢筋绑条焊接。处理后再支模浇筑混凝土。

②支撑杆在混凝土上部弯曲

可将弯曲部分切断，加绑条焊接；当弯曲部位很长，弯曲程度又很严重时，应将支撑杆切断，另换新支撑杆，并在新支撑杆和混凝土接触处加垫钢靴，将新支撑杆插入套管内。

（2）筒体倾斜

一般情况下，控制各千斤顶相对标高偏差不大于 40 mm，相邻两个提升架上千斤顶的升差不大于 20 mm，使操作平台基本保持水平，可保证筒体不发生倾斜。如果操作平台有较大的固定偏心荷载，或平台经常经受大的水平风力作用，会造成操作平台水平位移，使结构轴线平移，筒仓发生倾斜。垂直度超过偏差要求时，应加以纠正。

纠偏常用平台倾斜法：调整平台各点的高差，使操作平台保持一定的倾斜度，其倾斜方向与筒仓的倾斜方向相反，当模板继续滑升时，利用操作平台倾斜时自重产生的水平分力，推动滑模装置逐步移回到原来的结构设计轴线位置。

注意：由于操作平台倾斜会造成支撑杆承载力的降低，为防止支撑杆承载力损失过大和避免引起模板产生反倾斜度，操作平台的倾斜度应控制在1%以内。欲使平台倾斜，一次抬高的高度不超过两个千斤顶行程。抬高一次，滑升一至两个浇筑层高度，观察平台轴线的恢复量，以确定是否需增大平台的倾斜度。当平台接近正确位置时，应及时恢复平台的水平度。

（3）筒壁的扭转

筒壁的扭转由多种原因引起，如果筒壁滑模体系发生扭转，可以采用调整混凝土浇筑方向的方法调整，使浇筑混凝土方向与平台扭转的方向相反。

（4）混凝土出现水平裂缝或断裂

造成这种现象的原因较多，主要原因有模板没有倾斜度或产生反倾斜度；滑升速度慢，混凝土与模板粘在一起；模板表面不清洁，摩阻力太大；纠正垂直度太急，模板严重倾斜等。

防止办法：纠正模板倾斜度不够或反倾斜度的现象；经常清除粘在模板表面的脏物及混凝土；纠正垂直度偏差时不要操之过急；当气温过高，混凝土凝结速度快，滑升速度不能再提高时，应调整混凝土的配合比或加入缓凝剂，以控制混凝土的凝结速度。

处理办法：对混凝土表面出现的细小裂纹，可及时用铁抹子压实；对出现的较轻微裂缝，可剔除裂缝部分的混凝土，补上原混凝土筛除石子后的原浆。

4.滑模工程的质量检查和验收要点

（1）钢筋工程及兼作结构钢筋的支撑杆的焊接接头、预埋插筋等均应做隐蔽工程验收。

（2）每次模板提升后，应立即检查出模混凝土有无塌落、拉裂和麻面等，发现问题及时处理，重大问题应做好记录。

（3）对高耸结构垂直度的测量，应以当地时间6：00—9：00的测量结果为准。

第二节　深基坑工程

一、工程概况

本项目比较有代表性的深基坑有火车翻车机室，开挖深度达到17.4 m；厂外管带机转运站，开挖深度达到 15.72 m，为一级基坑，其安全等级、支护结构安全等级均为一级；其余深基坑深度基本在 5~10 m，为二、三级基坑。

基坑等级说明：

（1）GB 50202—2002《建筑地基基础工程施工质量验收规范》第 7.1.7 条对基坑等级划分有详细规定，但 GB 50202—2018《建筑地基基础工程施工质量验收标准》取消了基坑等级的划分标准；后续监理工程中，基坑等级的划分标准应当执行施工所在地的地方标准或管理规定。

（2）基坑施工安全等级划分条件详见 JGJ 311《建筑深基坑工程施工安全技术规范》第 3.0.1 条规定。

（3）支护结构安全等级划分详见 JGJ 120《建筑基坑支护技术规程》中表 3.1.3 规定。

具体支护方案如下：

一级基坑（开挖深度超过 10 m）：深度 0~5.1 m，1∶1 放坡，挂网素喷支护，并于深度 5.1 m 处设置 2.5 m 宽平台；深度 5.1~10.2 m，1∶1 放坡，土钉（注浆锚管）墙支护，深度 10.2 m 处结合施工工作面设置 1.5~12 m 宽平台；深度 10.2~17.4 m，采用钻孔桩–内支撑支护，钻孔桩间采用旋喷桩止水，桩间挂素喷护面。

二级基坑（开挖深度 7~10 m）：深度 0~5.1 m，1∶1 放坡，挂网素喷支护，并于深度 5.1 m 处设置 2.5 m 宽平台；深度 5.1~10.0 m，1∶1 放坡，土钉（注浆锚管）墙支护。

三级基坑（开挖深度 7 m 以内）：1∶1 放坡，挂网素喷支护。

二、工程特点

（1）具有较大的风险性。基坑支护体系是临时结构，安全储备较小，基坑工程施工过程中应进行监测，在开挖深基坑时注意加强排水防灌措施，风险较大的应该提前做好应急预案。

（2）具有很强的区域性。如软黏土地基、黄土地基等工程地质和水文地质条件不同的基坑工程差异性很大。同一城市不同区域也有差异。基坑工程的支护体系设计与施工和土方开挖都要因地制宜。

（3）具有很强的个性。基坑工程的支护体系设计与施工和土方开挖不仅与工程地质、水文地质条件有关，还与基坑相邻建（构）筑物和地下管线的位置、抵御变形的能力、重要性，以及周围场地条件等有关。有时，保护相邻建（构）筑物和市政设施的安全是基坑工程设计与施工的关键。

（4）综合性强。基坑工程不仅需要岩土工程知识，也需要结构工程知识，需要土力学理论、测试技术、计算技术及施工机械、施工技术的综合。

（5）具有较强的时空效应。基坑的深度和平面形状对基坑支护体系的稳定性和变形有较大影响，在基坑支护体系设计中要注意基坑工程的空间效应。土体，特别是软黏土，具有较强的蠕变性，作用在支护结构上的土压力随时间变化。蠕变将使土体强度降低，土坡稳定性变小。所以对基坑工程的时间效应也必须给予充分的重视。

（6）是系统工程。基坑工程主要包括支护体系设计和土方开挖两部分。土方开挖的施工组织是否合理对支护体系是否成功具有重要作用。不合理的土方开挖、步骤和速度可能导致主体结构桩基变位、支护结构过大的变形，甚至引起支护体系失稳而导致破坏。同时在施工过程中应加强监测，力求实行信息化施工。

（7）具有环境效应。基坑开挖势必引起周围地基地下水位的变化和应力场的改变，导致周围地基土体的变形，对周围建（构）筑物和地下管线产生影响，严重的将危及其正常使用或安全。大量土方外运也将对交通和弃土点环境产生影响。

三、监理工作要点

1. 挂网素喷施工控制要点

（1）挂网施工前，要求承包单位委托实验室配置专项设计要求强度的喷射混凝土配合比。

（2）挂网素喷作业应随着土方开挖分层进行，上层素喷护壁施工完成，待达到强度要求后方可进行下层土方的开挖作业。

（3）钢筋网片的安装应严格控制网格间距，允许偏差为 20 mm。同时应满足保护层厚度的要求，坡面插筋间距应与专项设计一致；钢筋网片、加强筋与坡面插筋的连接应牢固可靠。

（4）要求承包单位在喷射混凝土拌制现场悬挂配合比，配备计量器具，做好交底工作，对交底记录进行检查，现场拌制必须严格按照配合比进行，监理人员随时对现场拌制过程进行检查。

（5）喷射混凝土施工应自下而上喷射混凝土，要求施工人员在进行施工过程中控制喷头与受喷面的距离及角度，喷射距离应在 0.6～1.2 m，喷射角度应垂直于受喷面。

（6）要求承包单位采取有效措施确保喷射混凝土厚度不小于 80 mm，并随时对喷射厚度进行检查。

（7）喷射混凝土终凝后 2 h，督促承包单位根据气候条件进行养护，如气温过低应予以覆盖，养护时间不少于 1～3 d。

（8）喷射混凝土施工完成后应督促承包单位按专项设计要求埋设排水管，排水管含水层间距不大于 1.5 m，其余不大于 2.5 m，并保证施工过程中排水管通畅。

2. 锚杆施工控制要点

（1）锚杆施工完成后，应对锚杆出浆孔间距、出浆孔倒刺、对中支架焊接安装情况进行检查验收，应符合专项设计要求。

（2）锚杆成孔后对成孔情况进行检查验收，主要检查孔深及孔径。

（3）注浆前应对注浆设备压力表进行检查，确保其已经过校核，保证满足注浆压力要求。

（4）锚杆注浆时应控制水灰比在0.45~0.55；一次注浆压力为0.2~0.4 MPa，注浆时要求浆液从孔底逐渐上冒，待孔口泛出水泥净浆后，间隔10~20 min补充注浆，所有锚杆必须进行二次注浆，注浆压力为0.4~0.6 MPa。注浆过程中监理工程师应要求对注浆压力进行记录，并随时对注浆压力记录情况进行检查。

（5）注浆完成后须对注浆孔口浆液泛出情况进行检查，确保水泥浆液将土体孔隙充填密实。

3. 基坑降水、排水控制要点

（1）坡顶支护结构外侧设置排水沟截排地表水，排水沟应做好防渗措施；如现场排水沟无法布置，应当设置挡水坝截水，坡顶8 m范围内不得有大量积水。

（2）边坡挂网素喷护壁排水管在含水层长度不得小于1.0 m，间距不得大于1.5 m；在其余土层长度不得小于0.5 m，间距不得大于2.5 m；含水层底部应布置一排排水管。在施工过程中应随时检查排水管的通畅情况，发现堵塞应立即通知承包单位进行处理。

（3）管井降水。依据专项设计，沿基坑周边东西两侧各布置四口，在基坑开挖至5.0 m深度时施工成井，管井施工应对以下几点予以控制：

①管井施工前对井数量及布置位置进行检查，应符合专项设计及施工方案的要求。

②管井成孔后对孔径、孔深进行检查，孔径不小于600 mm，孔深按专项设计为11.7 m，不可超深，以免对下部含水层造成影响。

③无砂涵管在进行吊放时保持垂直且在井孔中心，接管时确保接头牢固、密实，同时井管要高出地面至少300 mm，防止杂物、泥土等掉入阻塞井管。

④井管下入后立即填入滤料。滤料为中粗砂和10~15 mm的碎石混合料，必须符合级配要求，合格率要大于90 %，杂质含量不大于3 ‰。滤料沿井孔四周用手推车均匀连续填入，以防不均匀或冲击井壁；应随填随测滤料高度，当填入量与理论计算量不一致时，及时查找原因。洗井后，如滤料下沉量过大，应补填至井口下1.5 m处，其上用黏土封填。

⑤成井后，应进行洗井以清除孔内泥浆，至井内完全出清水止，再用污水泵反复进行恢复性抽洗，抽洗次数不得少于6次。洗井应在成井4 h内进行，以免时间过长，护壁泥皮逐渐老化难以破坏，影响渗水效果。

⑥管井安装完成后，应对周围1 m范围内的松动土方进行清理，防止土料进入井内，保证降水管井的深度，并在井周围做好防护及醒目标志，搭设1.2 m高，1.2 m×1.2 m脚手架防护，并挂安全标志牌，在井口周边增加警示灯以防止夜间施工人员坠落。

（4）轻型井点降水。依据专项设计，沿基坑边布置，轻型井管长度为5.5~6.5 m。轻型井点施工应对以下几点予以控制：

①对轻型井管长度进行检查，保证满足专项设计及方案要求。

②对井管间距进行检查，间距按专项设计为1.5~2.0 m，当现场降水效果无法满足要求时，可适当调整间距。

③在进行管道安装时，应确保接头连接严密，防止漏气。

（5）管井及轻型井点安装完成后，立即开始并持续进行降水作业，应要求承包单位安排专人负责。

（6）在采取降水措施的同时，基坑底部周边必须设置排水沟及集水井。

（7）抽出的水应集中排入沉淀池，沉淀后再排入厂区雨水排水系统，不可随地排放，更禁止在基坑周边排放。

4. 基坑监测

（1）开挖深度超过 5 m、或未超过 5 m 但现场地质情况和周围环境较复杂的基坑工程均应实施监测。基坑工程施工前，应由建设方委托具备相应资质的第三方对基坑工程实施现场监测。监测单位应编制监测方案，监测方案应经建设、设计、监理等单位认可，必要时还需与市政道路、地下管线、人防等有关部门协商一致后方可实施。

（2）基坑工程现场监测的对象

①支护结构。

②相关的自然环境。

③施工工况。

④地下水状况。

⑤基坑底部及周围土体。

⑥周围建（构）筑物。

⑦周围地下管线及地下设施。

⑧周围重要的道路。

⑨其他应监测的对象。

（3）监测点应布置在基坑变形较大以及土质相对较差处，邻近道路及周边建筑物也应布置监测点。水平及竖向位移监测点应沿基坑周边布置，周边中部和阳角处应布置监测点，监测点水平间距不宜大于 20 m，每边监测点不宜少于 3 个。监测点宜设置在基坑边坡坡顶上。

（4）监测周期

变形监测点需在土方开挖前埋设，一般 2~5 d 监测一次，但监测周期必须同时满足下列要求：

①每层土方开挖后监测一次。

②雨雪天气后监测一次。

③变形加速且不收敛时加密监测次数。

④基坑开挖至设计标高后，7 d 监测一次，半个月后 15 d 监测一次，两个月以后每月监测一次。

（5）基坑工程施工和使用期间，监理人员在巡检过程中不定期对基坑边坡支护情况进行检查，巡检项目包括坡面裂缝、位移等情况，同时要求承包单位每天安排专人进行巡视监测。

（6）要求承包单位每次监测后将监测数据进行上报，以便监理人员了解深基坑的安全情况。

（7）监测预警值：依据 GB 50497《建筑基坑工程监测技术标准》和设计文件规定。

（8）一旦发现基坑变形超过预警值，继续呈增大趋势且不收敛，就应立即要求承包单位停止基坑内作业，并立即采取有效措施消除安全隐患。

第三节 高大模板支撑工程

一、工程概况

3 座圆形料仓，搭设高度为 18.2 m，支模高度达到超危标准；地下廊道底板厚度最大为 1 300 mm，施工总荷载（设计值）达到超危大工程标准；汽车卸煤站部分梁高达到 2 000 mm，集中线荷载（设计值）达到超危大工程标准。

二、工程特点

危大工程：搭设高度 5 m 及以上，或搭设跨度 10 m 及以上，或施工总荷载（荷载效应基本组合的设计值，以下简称设计值）10 kN/m² 及以上，或集中线荷载（设计值）15 kN/m 及以上，或高度大于支撑水平投影宽度且相对独立无联系构件的混凝土模板支撑工程。

超危大工程：搭设高度 8 m 及以上，或搭设跨度 18 m 及以上，或施工总荷载（设计值）15 kN/ m² 及以上，或集中线荷载（设计值）20 kN/m 及以上。

三、监理工作要点

1. 方案及人员资质的审核

（1）审批高支模施工方案及计算书，专业监理工程师及总监理工程师签认，超危大工程的模板支撑系统专项方案必须经过专家论证。

（2）检查特种作业人员的资质，架子工持证上岗，有定期体检报告，质量、安全有专人负责。

（3）工程技术负责人向搭设及使用人员做技术交底和安全作业要求交底，对交底记录进行检查。

2. 材料的检查验收

（1）钢管、扣件进场时承包单位需提供产品质量合格证和自检记录，使用前对钢管、扣件及紧固件进行外观检查和平行检验，不合格的不得使用。

（2）进场木方及模板规格尺寸应与方案要求一致。

3. 立杆安装

（1）支撑架的地基或楼面承载力要达到设计要求，下层楼板应具有承受上层荷载的能力或加支顶架，按施工方案放线定位，上、下层支顶门架的立杆应对准，高支模支顶架系统中的梁底立柱单根承受荷载较大，为避免应力集中，对支撑层产生冲切破坏，在梁底立柱杆下垫通长木板，支撑架地基应无积水，专业监理工程师现场检查。

（2）立杆接长必须采用对接扣件连接，禁止搭接，接头位置交错布置，两个相邻立杆接头避免出现在同步同跨内，并且在高度方向错开的距离不小于 50 cm；各接头中心距主节点的距离不大于步距的 1/3，立杆与大横杆采用直角扣件连接。

（3）脚手架必须设置纵、横向扫地杆。纵向扫地杆应采用直角扣件固定在距钢管底端不大于 200 mm 处的立杆上，横向扫地杆应采用直角扣件固定在紧靠纵向扫地杆下方的立杆上。

（4）结构梁下模板支架的立杆纵距应沿梁轴线方向布置，立杆横距应以梁底中心线为中心向两侧对称布置；梁底模支架为单根杆时，其离中心线小于 25 mm，垂直度为 2 mm，允许偏差为 15 mm。

（5）设在模板支架立杆顶部的可调托撑，其丝杆外径不得小于 36 mm，伸出长度不得超过 200 mm。立杆间距允许偏差为 ±30 mm。

4. 水平杆安装

（1）水平杆长度不应小于 3 跨，水平杆接长应采用对接扣件连接，其要求如下：当采用对接时，对接扣件应该交错布置，两根相邻水平杆接头不应设置在同步或同跨；不同步或不同跨两相邻接头在水平方向错开距离不应小于 500 mm；各接头中心至最近主节点的距离不应大于纵距的 1/3。

（2）模板支架搭设时梁下横向水平杆应伸入梁两侧板的模板支架内不少于 2 根立杆，并与立杆扣接。水平杆步距允许偏差为 ±20 mm。

5. 剪刀撑安装

（1）在架体外侧周边及内部纵、横向每 6 跨由底至顶设置连续竖向剪刀撑，每个剪刀撑的跨数不应超过 6 跨，竖向剪刀撑斜杆与地面的倾角应为 45°～60°。

（2）在竖向剪刀撑顶部交点平面应设置水平剪刀撑，扫地杆的位置应设一道，水平剪刀撑至架体底平面距离与水平剪刀撑间距 3 步设置一道，剪刀撑宽度应小于 6 跨，水平剪刀撑与支架纵（或横）向夹角应为 45°～60°。

（3）剪刀撑斜杆的接长宜采用搭接，搭接长度不小于 1 m，应采用不少于 3 个旋转扣件固定，端部扣件盖板的边缘至杆端距离不应小于 100 mm。

　　6. 连墙件安装

　　（1）竖向结构（柱）与水平结构分开浇筑，以便利用其与支撑架体连接，形成可靠整体。

　　（2）当支架立杆高度超过 5 m 时，应在立杆外侧和中间有结构柱的部位，按水平间距 6～9 m、竖向间距 2～3 m 与建筑结构设置一个固结点。

　　（3）一般情况下，用抱柱的方式提高整体稳定性和提高抵抗侧向变形的能力。

　　（4）料场环梁支撑架连墙件按两步三跨设置，在拆除挡煤墙模板后，将止水螺栓与小横杆焊接牢固，小横杆顶住墙体。保证架体与建筑物之间连接牢固，不摇晃，不倒塌。

　　7. 扣件安装

　　（1）对扣件螺栓拧紧力矩进行检查，应控制在 40～65 N·m。

　　（2）主节点处固定横向水平杆、纵向水平杆、横向斜撑等用的直角扣件、旋转扣件的中心点的相互距离不应大于 150 mm。

　　（3）对接扣件开口应朝上或朝内。

　　（4）各杆件端头伸出扣件盖板边缘的长度不应小于 100 mm。

　　8. 检查督促承包单位做好安全措施

　　（1）施工前必须明确高支模施工现场安全责任人，负责施工全过程的安全管理工作。

　　（2）高支模分段或者整体搭设完毕，经企业安全技术负责人、监理工程师分段或整体验收合格方能进行钢筋安装。

　　（3）混凝土浇筑时，应对称进行。浇筑时派安全员、监理员专职观察模板及其支撑系统的变形情况。发现异常现象时应立即暂停施工，撤离人员及采取加固措施。

　　（4）高支模施工现场应搭设工作梯，作业人员不得从支撑系统爬上爬下。

　　（5）模板及其支撑系统在安装过程中，必须设置防倾覆的临时固定设施。

　　（6）模板安装、钢筋绑扎、混凝土浇筑时，应避免材料、机具及工具过于集中堆放，在任何情况下模板立柱承受的荷载均不得超过荷载设计值，监理巡查。

　　（7）支撑搭设、拆除和混凝土浇筑期间，无关人员不得进入支模底下，应在适当地方挂设警示标志，并指定专人进行监护。

　　（8）支架、模板拆除时混凝土的强度要达到施工方案规定的要求，拆除作业严禁上下同时作业，拆下部最后一根长立杆时要搭设临时抛撑，各构配件拆卸后严禁掷至地面，及冲击楼面，楼面的模板及支架应分散堆放，监理巡查。

　　9. 模板拆除

　　（1）底模及其支架拆除时的混凝土强度应符合 GB 50204《混凝土结构工程施工质量验收规范》的有关规定。

　　（2）现场留置的同条件拆模试块的试压报告为拆模依据。模板拆除前必须办理拆除模板审批手续，经施工技术负责人、监理工程师审批同意并签字确认后，方可拆除。

模板支架拆除前应对拆除人员进行技术交底，并做好交底书面手续。

（3）模板支架拆除时，应按施工方案确定的方法和顺序进行。拆模板时，2 m 以上高处作业设置可靠的立足点，并有相应的安全防护措施。拆模顺序应遵循先支后拆、后支先拆、从上往下的原则。

（4）拆除作业必须由上而下逐步进行，严禁上下同时作业。分段拆除的高度差不应大于两步。设有附墙连接件的模板支架，连接件必须随支架逐层拆除，严禁先将连接件全部或数步拆除后再拆除支架。

（5）梁模拆除，应先拆除梁侧模，再拆除水平拉杆，最后拆除模板立杆，每排留 1~2 根支柱暂不拆，操作人员应站在已拆除的空隙，拆去近旁余下的立杆使木档自由坠落，再用钩子将模板钩下。等该段的模板全部脱落后，集中运出集中堆放，木模的堆放高度不超过 2 m。

（6）卸料时严禁将钢管、构件由高处抛掷至地面。

10. 模板支架监测

模板支架搭设完成后应要求承包单位设置支撑架体立杆及水平杆上的监测点，各单体部位脚手架沿东、西、南、北四个方向各设置一个监测点。检查承包单位对模板支架的监测主要包括以下方面。

（1）监测内容

采用全站仪、水准仪对支撑体系进行监测，主要监测体系的水平、垂直位置是否有偏移，支模架体系的沉降等。所有监测工作由测量员专职负责，发现下沉、松动、变形、位移等情况及时上报应急预案小组，及时采取措施。监测模板支撑架的沉降、位移、变形。主要内容如下：

①架体是否有不均匀沉降、垂直度偏差。

②施工过程中是否有超载现象。

③安全防护措施是否符合规范要求。

④支架与杆件是否有变形现象。

⑤连墙件、横杆、立杆、横竖剪刀撑、扫地杆等构件是否符合要求。

（2）监测措施

①监测时间

支模架搭设完毕→模板、钢筋安装完毕→混凝土浇筑过程中→混凝土终凝前后→混凝土养护过程中。

②监测方法

a. 支模架搭设完毕后，在支模架外侧的立杆或横杆上标注监测点，各单体部位脚手架沿东、西、南、北四个方向各设置一个监测点，利用水准仪测量得出监测点的标高，通过脚手架搭设前的基础标高做对比，了解脚手架搭设后基础的沉降量，并通过经纬仪测量支模架四角立杆的水平位移，并记录数据。

b. 钢筋绑扎完毕监测，钢筋绑扎过程中，禁止钢筋集中放置，应均匀分开放置，避免应力集中，对架体造成破坏。也是对架体的沉降、架体的位移与变形进行监督。

c.混凝土浇筑过程中，派专人检查支架和支撑情况，并对架体进行监测，监测频率为每 30 min 一次，发现下沉、松动、变形和水平位移情况应及时报告施工负责人，施工负责人应立即通知浇筑人员暂停作业，情况紧急时应采取迅速撤离人员的应急措施，并进行加固处理，加固采用连墙件与剪刀撑，剪刀撑布置规则与构造措施中的布置一致。

d.混凝土终凝后的监测频率为每天一次，连续观察 7 d，在混凝土终凝前，技术人员对所有监测点进行监测，木工与架子工对所有架体进行检查，扣件重新逐个检查并进行紧固，剪刀撑采用扣件式，并用力矩扳手对扣件处螺栓进行紧固，防止螺栓松动。

e.混凝土养护过程中每 24 h 监测一次。

（3）监测标准

监测变形允许值及预警值执行 JGJ 300《建筑施工临时支撑结构技术规范》有关规定。

第四节　旋挖钻孔灌注桩工程

一、工程概况（表 4-1）

表 4-1　　　　　　　　　　桩基一览表

桩径 / mm	类型	桩长 / m	桩顶标高	入岩深度 / m	主筋规格	钢筋笼箍筋组成	备注
800	GZH1b	> 13	−2.100	≥ 1.6	14 Φ 16	φ 10@100/200	桩顶以下箍筋加密区域 5D，混凝土强度等级为 C35、P8
	GZH1a	> 13	−8.100	≥ 1.6	14 Φ 16	φ 10@100/200	

二、工程特点

钻孔灌注桩按成孔工艺可分为泥浆护壁法钻孔灌注桩、干作业法钻孔灌注桩、套管护壁法钻孔灌注桩，其中以泥浆护壁法钻孔灌注桩最为普及，特别是在我国南方多雨水地区。近几年来,在泥浆护壁法钻孔灌注桩成孔机具的选择中,又以旋挖钻机最为先进,称为"旋挖钻孔灌注桩",其作为近年来我国发展最快的一种新型桩孔施工方法,具有工作效率高、施工质量好、尘土泥浆污染少的特点。

三、监理工作要点

桩基施工过程中的控制重点有以下内容。

(1)复查测量放线、桩孔定位及标高。

(2)检查护筒中心位置,允许偏差为 5 cm;检查筒顶标高,筒顶标高以满足施工的需要为准则,更是测量孔深的基准。

(3)检查钻杆的垂直度,垂直偏差控制在 2 ‰ 以内;钻头对孔应正确,钻头中心与护筒中心偏差宜控制在 15 mm 以内。

(4)检查泥浆的试验、调制及质量控制。一般要求泥浆黏度为 18~20 s,含砂率为 4 %~8 %,胶体率不小于 90 %。当采用正循环施工时,泥浆密度要求:在黏土和亚黏土中成孔应控制在 1.1~1.2 g/cm³;在砂土和较厚的夹砂层中成孔应为 1.1~1.3 g/cm³;在穿过砂夹卵石层或易塌的土层及淤泥质土层时应为 1.3~1.5 g/cm³。

(5)钻孔、清孔的检查

①检查孔深(桩长),在钻进过程中应注意地层变化,在地层发生变化时,应测孔深并推算地层界面的标高;在终孔后应测孔深并推算桩长。桩长应不小于设计要求,终孔测深时应检查护筒标高。可根据钻井或钢丝绳的总长度减去上部剩余长度来检查。

②检查孔径,终孔后,监理人员应用检孔器(孔规)检查孔径。检孔器为一钢筋制作的圆锥体,长度为 4~6 倍孔径,直径与设计孔径相合。能把检孔器沉到孔底(设计桩底标高位置)即认可孔径合格。

③检查孔位偏差:孔位的准确位置应标在护筒周边上,并用十字线的交点显示孔的中心位置,检孔器中心与十字线的偏移即为孔位偏差,其允许值为单排桩不大于 5 cm;桩位允许偏差小于 100 mm,垂直度小于 1/100。

④检查孔底沉淀层厚度:终孔后,每个桩在灌注前都必须检查沉淀层厚度,检查方法是用测绳拴上测锤,凭手感测定。对于摩擦桩,其允许值为 0.4~0.6 d (d 为设计桩径),端承桩不大于设计规定,孔底沉渣或虚土沉淤容许厚度小于 100 mm。

⑤检查泥浆密度:在终孔后检查,以满足混凝土灌注的要求为准。其允许偏差为 1.05~1.20 g/cm³、黏度为 17~20 s、含砂率为 4 %(在钻孔的顶、中、底部分别取样检验,取其平均值)。

(6)注意对成孔的保护。监理人员现场旁站严格控制每道工序及中间验收,24 h 跟踪检验,合格后方可继续下道工序施工准备。

(7)监控清孔换浆后至混凝土开浇时间

监督承包人事先做好充分准备，在换浆合格后，尽快进行钻杆拆卸、钻机移位、终孔验收、下钢筋笼、导管下放等工作；从清孔停止至混凝土开始浇灌，应控制在 1.5～3 h，一般不超过 4 h，否则应重新清孔。

（8）钢筋笼检查

①钢筋笼下沉之前，按常规检查钢筋笼的规格、绑扎、焊接等各个项目。主筋保护层厚度为 50 mm；分段制作钢筋笼时，主筋连接采用焊接；在同一截面内钢筋接头不得多于主筋总根数的 50 %，两个接头间的距离不得小于 500 mm，加密箍筋、定位箍筋与主筋连接均采用焊接。

②钢筋笼下沉过程中旁站检查各段对接质量，所有焊缝应满足规范要求，焊工持证上岗；上、下段应在同一直线上；下沉过程中应掌握钢筋笼垂直度和对中及周围保护层。

③钢筋笼下沉完毕后，要检查其顶面标高、中心位置及保护层，并要有固定锚固措施，防止灌注水下混凝土时笼子上浮。

（9）检查钢筋笼下放时的偏差和保护层厚度

平时即应检查钢筋笼的制作，检查内容包括钢筋的品种、规格、焊条品种、焊缝质量及焊缝长度、主筋和箍筋以及加劲箍的制作、绑扎及偏差等，以上内容均必须符合设计要求和规范规定。

检查下述措施：控制钢筋笼保护层；防止运输、吊装时钢筋笼变形；钢筋笼对准桩位中心，下到设计标高后的固定措施。

（10）检查导管

导管应做强度检验和水压试验，避免导管破裂、脱节或漏水，造成事故；导管应能及时拆卸，下部应设导向装置，使导管在浇灌混凝土过程中始终处于孔洞中心，以防止桩身混凝土产生的局部夹层。

（11）经常检查混凝土质量和供应情况

除检查原材料质量外，还需要检查磅秤和给水装置的准确性，看其是否按试验确定的配合比配制混凝土；随机抽样做试块，检查坍落度；要有切实有效的措施，保证混凝土正常供应。碎石粒径不宜大于 40 mm，应采取措施，防止大石块混入混凝土中，卡住导管，造成事故。

（12）水下混凝土灌注的旁站监理

①按常规检查灌注桩混凝土的拌和与运输：商品混凝土应检查来料的级配单，做坍落度试验；特别要跟踪记录每一车来去时间，其间隔时间要严格控制在混凝土初凝时间之内，力争没有间隔。C35 混凝土坍落度一般为 18～22 cm，含砂率为 40 %～45 %，水泥用量不得少于 380 kg/m³，且不宜大于 500 kg/m³。

②导管检查：导管接头不允许漏水，导管的孔底悬高应以 25～40 cm 为宜。首盘混凝土灌注，导管的混凝土埋深不小于 1 m。

③签署浇灌令前，先要测量孔底标高，导管下口距孔底距离以 200～300 mm 为宜，

但是，该段距离的确定，必须保证隔水栓能从导管底顺利排出；与导管上口相连的储料斗内，应储存尽可能多的混凝土，使用首次浇灌时，导管底端能一次埋入混凝土中0.8~1.2 m，并且导管内存留的混凝土高度，足以抵抗钻孔内的泥浆侵入导管。

④在灌注过程中要记录灌注的混凝土方量和混凝土顶面标高，导管埋深不宜小于2 m，同时不宜大于6 m。混凝土灌注充盈系数一般为1.10，不宜大于1.30；单桩灌注时间不宜超过8 h。

⑤要连续浇灌混凝土，不得中断，孔内混凝土上升速度不宜小于2 m/h；导管埋置深度最小不得小于1 m，最大不得大于6 m，超过6 m容易造成钢筋笼上浮；起拔导管时，应先测量混凝土面高度，根据导管埋深，确定拔管节数；要勤检查，均匀拔管，保持埋管深度在1.5~2.0 m。记录灌注过程中有无故障和不正常现象：若出现卡管、塌孔等情况，则应及时采取措施防止断桩，一旦发生断桩，必须及时报告监理工程师及建设单位。

⑥灌注结束时，混凝土顶面应高于设计标高至少0.80 m，直至冒出的混凝土不含泥渣为止；本项目部分桩基桩顶标高为−8.1 m，肉眼根本无法观察，因此接近设计标高时，应使用带有重锤的测绳加大施测频率，同时根据浇筑的混凝土方量并依据该区域灌注桩的充盈系数核算桩顶标高，两者对比差距不大即可。

⑦签认各种施工记录文件和隐蔽验收；检查施工记录是否完整、认真和齐全，对不符合设计图、规范和施工方案等质量问题进行质量判断并进行督促处理。

（13）灌注桩检验与验收

①动测检验，检验前现场监理工程师应逐个检查桩头。

②无损检测所委托的测试单位，测试前，应对测试单位资质进行审查和认可。测试单位应具有部级资质证书。

③测试应分批进行。混凝土龄期宜在14 d以上。

④若无损检测不合格或混凝土试件强度不合格，应进一步做钻孔取样，做抗压试验。结果如满足设计要求，则认可桩身混凝土合格。

（14）旋挖钻孔灌注桩常见质量问题

①钻孔灌注桩施工如操作不当会出现塌孔、缩孔、孔底沉渣偏大、孔斜、钢筋笼上拱、桩身夹泥、导管堵塞或被埋、断桩等情况，施工过程质量监理工作应注意以上质量问题，并采取相应的预防控制措施。

②常见质量问题预防措施见表4-2。

表 4-2   常见质量问题预防措施

名称	主要原因	预防措施
塌孔	护筒埋设太浅，筒外围未分层捣实。回转钻进时泥浆密度和黏度偏小。冲击钻进时钢丝绳太松，钻具碰撞孔壁	护筒埋入原状土大于 0.2 m，筒外围分层捣实。泥浆密度和黏度可适当放大，钢丝绳适当吊紧钻具不碰孔壁
缩孔	有流塑黏性土层或含有高岭土成分的黏性土和膨润土	在缩径地段进行扫孔
孔底沉渣偏大	第一次清孔不彻底，泥浆中含有小泥块或含砂量偏大	彻底清孔，含砂量 < 4 %，合理调整泥浆密度和黏度
孔斜	钻机安装不平稳，机身倾斜导致钻杆变形或倾斜遇地下障碍物或软硬土层交接处，造成钻头偏离方向	经常检查钻机平稳水平、钻杆垂直度，遇到障碍物时应清障后再钻孔，钻到软硬土层交接处应降低成孔速度，待穿过此土层后再恢复正常钻进速度
钢筋笼上拱	孔底沉渣偏大，泥浆密度和含砂量偏大。混凝土顶面灌注至笼底时猛烈冲击笼上升，导管起拔时钩笼上升，吊筋太细或未固定，混凝土初凝等	孔底沉渣 ≤ 5 cm，混凝土顶面灌注至笼底时放慢灌注速度，导管居笼中心，顺时针转动导管，吊筋使笼固定，初凝时间需大于灌注时间的 2 倍等
桩身夹泥	清孔不彻底，沉渣偏大，导管埋深太小	彻底清孔，沉渣 ≤ 5 cm，导管埋深加大至 3～9 m
导管堵塞	导管变形，混凝土质量不好，或混有大石块、水泥袋碎屑等堵塞导管和操作不当等	导管需圆直光滑不变形，混凝土搅拌和制作质量要好，进料时偏大石块、水泥袋碎块需捡出，避免导管插入孔壁或孔底
导管被埋	导管埋深大于 8 m，混凝土因故初凝，有异物使导管和钢筋笼卡住	导管埋深要控制，水泥中不能含无水石膏成分，水泥安定性要合格，不同品种、不同标号的水泥不能混用，预防导管和笼卡住等
断桩	导管埋深太小或拔出混凝土顶面	导管严禁拔出混凝土顶面，一旦拔出需再次彻底清孔、二次剪球灌注混凝土
钻进跑浆混凝土超灌	基岩面裂隙发育或遇有溶洞、断裂等地质变化	发现跑浆应立即停止钻进，及时补充泥浆，保持孔内水位后再恢复正常钻进；发现混凝土超灌应注意检查导管埋深，适当将导管埋深增大至 3～8 m

③钻孔灌注桩常见质量问题补救处理方法

钻孔灌注桩施工如已发生塌孔、缩孔、孔身偏差、钢筋笼上拱、导管堵塞或被埋、断桩等质量问题，必须及时采取补救措施进行处理。

a. 塌孔处理

发生塌孔时首先应保持孔内浆位，并适当加大泥浆密度进行护壁，如钢筋笼已经安放应将其提起，将孔底沉渣重新清洗干净；如塌孔严重应用土回填高出塌孔部位 1～2 m，待其孔壁稳定，回填土沉实后再重新钻孔。

b. 缩孔或孔身偏差大的处理

如因缩孔或孔身偏差大造成钢筋笼不能下放到孔底，应将钢筋笼提出孔口，上下反复扫孔，直至孔径增大或孔壁校直，如扫孔无效，应填土重新钻进成孔。

c. 钢筋笼上拱处理

发现钢筋笼上拱应立即终止混凝土灌注，找出上拱原因，及时采取控制上拱措施；如上浮长度不大可考虑不补救，如上浮长度过大应由设计重新验算是否满足设计要求，必要时进行补桩处理。

d. 导管堵塞或被埋、断桩处理

混凝土灌注过程如发生导管堵塞或被埋应尽快处理，如处理不及时造成混凝土灌注中断，已灌混凝土已经初凝则会造成断桩质量事故。预料已形成断桩应立即停止灌注，用小于原桩径的钻头在原桩位钻孔至断桩部位以下，并重新清孔，在断桩部位增加一节钢筋笼埋入新钻的孔中，然后继续灌注混凝土。断桩造成低应变检测不合格时，如断桩位置埋土较浅，可采用人工挖土，凿去断桩以上混凝土，重新立模接桩处理；如断桩位置较深，经设计验算不能满足要求时，应重新补桩处理。

第五节　网架工程

一、工程概况

本项目为 3 个 100 m 直径圆形煤场网架工程，单体圆形煤场建筑面积为 8 400 m^2 左右，支座标高为 18.000 m，网架结构形式为螺栓球节点网架，支撑形式为柱点支撑，安全等级为二级，钢结构设计使用年限为 50 年。

二、工程特点

（1）网架结构属于超静定结构，故整体性好，空间刚度大，结构非常稳定。

（2）网架结构靠杆件的轴力传递荷载，材料强度得到充分利用，既节约钢材又减轻了自重。一个好的网架结构设计，其用钢量与同等条件下的钢筋混凝土结构的用钢量接近，这样就可省去大量的混凝土，可减轻自重 70 %～80 %，与普通钢结构相比，可节约钢材 20 %～50 %。

（3）网架结构自重轻，地震时产生的地震力小，同时钢材具有良好的延伸性，可吸收大量地震能量，网架空间刚度大，结构稳定不会倒塌，所以具备优良的抗震性能。

（4）网架结构构件的尺寸和形状大致相同，可在工厂成批生产，工厂化占到整个工程量的 80 % 以上，且质量好，效率高，不与土建争场地，因而现场工作量小，建设速度快，可缩短工期。

（5）网架结构能覆盖各种形状的平面，又可设计成各种各样的体型，结构轻巧，造型美观大方。

（6）网架结构的跨度为 30～150 m，开间为 20～30 m。对于一些需要大空间、大开间的建筑，如体育场馆、厂房、高铁站、飞机场、飞机库、干煤棚、砂石料场、收费站、加油站等，网架结构是性价比高的选择。

（7）按组成方式不同，可将网架分为四大类：交叉桁架体系网架、三角锥体系网架、四角锥体系网架、六角锥体系网架。本工程采用的是三角锥体系网架。

三、监理控制要点

1. 方案选择

在直径为 100 m 的圆形料场内搭设满堂脚手架施工网架，因面积达 7 850 m²，高度较高，穹顶高度接近 50 m，需要大量脚手架钢管。施工完成后，脚手架拆除运出仓内不适合使用机械设备，因此工作量大，时间长，成本高。清煤、搭设、拆除脚手架造成施工工期较长。施工场地较小，现场拼装，整体吊装难度大。经多次专题会讨论，结合现场实际情况，最终决定采用分片组装起步架，进行空中对接，定位一轴网架，以起步架为起点向两侧延伸进行拼装。这种方法效率高、快捷，可以分段施工，无须协调工作面，不影响圆形煤仓内堆取料机安装作业，工期能够得到保证，且成本较低。

2. 材料的进场验收

运抵现场的钢构件、螺栓、檩条、彩钢板等材料，必须符合设计规定和材料的有关技术标准，具有出厂合格证并进行见证取样送检，对于复试不合格的材料必须做退场处理。保存好完整的检验评定资料和质量证明文件。进场的原材料和构配件要合理存放，分类挂牌做好标志。

螺栓球是整个网架中最重要的构件，在整个网架中起到受力节点的作用，其质量不合格对整个网架的安全会造成严重危害。首先确保螺栓球原材与设计图纸要求一致，再对螺栓球外观质量进行检查，重点检查（采用 10 倍放大镜目测或磁粉探伤检测）是否存在裂纹及过烧等缺陷。若发现存在缺陷的螺栓球，则要求承包单位做报废处理。

钢构件的存放场地应平整坚实，无积水。钢构件底层垫枕应有足够的支承面，并防止支点下沉。相同型号的钢构件叠放时，各层钢构件的支点应在同一垂直线上，并应防止钢构件被压坏和变形。

3. 网架定位复测

承包单位在进行预埋件安装后，应重点检查预埋件的偏移情况及网架整体标高的引测等。在网架安装过程中，应随时注意网架的轴线尺寸、网格中心偏移情况、标高尺寸的控制。

4. 网架试拼装

在承包单位正式施工前，应要求承包单位进行试拼装。经试拼装检查各部件实测角度、长度与加工公差相符合。

5. 网架安装

（1）网架安装施工工艺流程：网架部件到场后分类堆放→检查基体结构及预埋件安装→测量放线→现场小单元试装复核尺寸→支座连接安装→下弦杆、腹杆和上弦杆安装→进行第一榀网架检查→依次进行各榀网架安装和检查→屋面板安装→网架整体检查→验收。

（2）本工程网架结构采用结构分块高空散装的施工方法。在组装时，确保使用构件编号，避免返工。各下弦端部与相应下弦球节点之间的连接高强度螺栓必须拧紧，同时在网壳下弦节点设置钢丝绳进行控制，以确保网架拼装时不会产生挠度并防止网壳向外侧位移。

（3）在网架安装过程中，应对网架支座轴线、支承面标高或网架下弦标高进行跟踪控制，发现误差累积应及时纠正。

（4）地面拼装小单元应由专人负责，按照施工图纸认真核对，确保杆件和螺栓球正确使用，并按使用位置和方向拼装后整齐叠放。由于在网架安装时各部位杆件受力状态与设计状态不同，因此在网架安装完成后应对所有螺栓进行二次紧固，确保所有螺栓紧固到位，以保证整体受力均匀。

（5）严格控制下弦网格的几何尺寸，若误差较大，则螺栓无法拧紧。同时，应避免螺栓拧紧后对角线长短不一，那会导致斜杆很难安装。对每个水平网格的对角线都必须真测量，做到水平网格在螺栓拧紧后对角线误差不大于 ±3.0 mm。

（6）在安装完成后，对网架进行全面复核。高强度螺栓与螺栓球节点应紧固连接，高强度螺栓拧入螺栓球的螺纹长度不应小于 1 d，连接处不应出现间隙、松动等情况。再次测量各杆件的允许偏差及挠度值（挠度值不大于设计值的 1.12 倍），并全面检查各杆件是否存在变形。

6. 檩条安装

檩条安装前应检查焊工合格证和有效期。施焊前，焊工应复查焊件接头质量和焊区的处理情况等。当不符合要求时，应经修正合格后方可施焊。

对照施工图纸，按照相应的编号，将支托固定在网架上弦球上拧紧、调平。将主檩条连接板用螺栓固定在主檩条上，主檩条调准后通过连接板焊接在支托上，要求主檩条折边的朝向一致，焊接完成后拧紧螺栓。将次檩条连接板用螺栓固定在次檩条两端，然后按照设计编号用螺栓固定在对应的主檩条上。对照施工图纸安装檩托，在檩托上画出檩条安装控制线，在控制线上安装檩条。主檩条安装完毕后，在主檩条侧壁上画出次檩条安装控制线，在控制线上安装次檩条。完成后，要检查螺栓紧固情况，以及安装高度、方位是否符合施工图纸要求。

7. 屋面板安装

在安装前，应检查彩钢板、泛水板、采光板的规格和品种是否符合设计要求以及国家现行有关标准规定。

屋面板为现场压制成型，使用自攻钉与屋面檩条固定，且自攻钉在屋面板的固定点应在波峰上，板与板侧面搭接时只允许小边压大边，搭接长度应符合设计文件要求。自攻钉安装完成后应在其上涂抹密封胶。屋面采光板在安装时，应增加马鞍形连接件，以增强采光板的连接强度。

第六节　大体积混凝土工程

一、大体积混凝土定义

大体积混凝土是指混凝土结构物实体最小尺寸不小于 1 m 的大体量混凝土，或预计会因混凝土中胶凝材料水化引起的温度变化和收缩而导致有害裂缝产生的混凝土。

二、大体积混凝土施工特点

（1）动力中心装置工程工期短、时间紧，底板混凝土总量大，厚底板不允许分段，最大浇筑量超过 1 000 m³。必须全盘考虑，精心安排，采取周密的技术措施保证质量。

（2）筏板混凝土浇筑时应注意收听当地天气预报，有利于混凝土入模温度的控制。

（3）筏板施工时进出车辆多，因为施工场地狭小，不利于交通和多台输送泵的布置，且预拌混凝土的运输车辆受交通不畅限制，所以混凝土浇筑前必须协商解决场地紧张的问题，做好交通组织方案，保证混凝土连续供应。

（4）混凝土浇筑时应注意避免气温较高，如大气温度高出混凝土的入模温度，则长时间的间隔对混凝土的温度和浇筑层之间的结合都非常不利。应认真组织，保证浇筑工作连续进行，保证大体积底板的浇筑质量。

（5）大体积混凝土具有结构体积大、承受荷载大、水泥水化热大、内部受力相对复杂等结构特点。在施工时，结构整体性要求高，一般要求整体浇筑，不留施工缝。这些特点的存在导致在工程实践中，大体积混凝土常会出现特有的质量通病，主要有以下几种类型：

①施工冷缝：大体积混凝土浇筑量大，在分层浇筑时，前、后分层没有控制在混凝土初凝之前；混凝土供应不足或遇到停水、停电及其他恶劣气候等因素影响，导致混凝土不能连续浇筑而出现冷缝。

②泌水现象：上、下浇筑层施工间隔时间较长，各分层之间产生泌水层，导致混凝土出现强度降低、脱皮、起砂等不良后果。

③表面水泥浆过厚：大体积混凝土浇筑量大，且多数是用泵送，混凝土表面的水泥浆会产生过厚现象。

④早期温度裂缝：在混凝土浇筑后，受早期内外温差过大（25 ℃以上）的影响，大体积混凝土会产生以下两种温度裂缝：

a. 表面裂缝：大体积混凝土在浇筑后，水泥的水化热量大，聚集在内部不易散发，混凝土内部温度显著升高，而表面散热较快，形成较大的内外温差，内部产生压应力，表面产生拉应力，由于混凝土早期抗拉强度很低，因而出现裂缝。这种温差一般仅在表面处较大，离开表面就很快减弱，因此裂缝只在接近表面的范围内产生，表面层以下结构仍保持完整。

b. 贯穿性裂缝：当大体积混凝土浇筑在约束地基（如桩基）上时，如果没有采取特殊措施降低、放松或取消约束，或根本无法消除约束时，易导致拉应力超过混凝土的极限抗拉强度而在约束接触处产生裂缝，这种裂缝甚至会贯穿整个表面。

三、监理控制要点

1. 检查商品混凝土搅拌站的生产资质、规模、技术力量等

（1）检查商品混凝土搅拌站的资质证书，了解其生产规模、技术力量、工程实践及社会信誉。检查原材料（特别是石子）品质及储存条件，搅拌楼及其计量与控制系统的先进程度和可靠性，搅拌车与混凝土泵的数量与质量，试验设备，试验制度及养护条件。了解组织及管理制度，例如，雨天、雪天如何控制混凝土的水灰比及配合比不变；遇突发事件时，如何及时快速地排除故障。

（2）对混凝土质量的要求

①水泥：应选用水化热低的通用硅酸盐水泥，3 d 水化热不宜大于 250 kJ/kg，7 d 水化热不宜大于 280 kJ/kg；当选用 52.5 强度等级水泥时，7 d 水化热不宜大于 300 kJ/kg。

②粉煤灰：掺用粉煤灰，至少要用磨细的二级粉煤灰，其质量应符合有关标准。粉煤灰掺量按设计要求并通过试验决定。

③外加剂：除应根据设计及建设单位选用外，还应查验产品合格证，其性能应符合该外加剂标准的规定，并经试验及工程实践证明有效，总之不准使用伪劣产品。

④粗骨料：应选用非碱活性的粗骨料，粒径宜为 5.0～31.5 mm，并应连续级配，含泥量不应大于 1 %。

⑤细骨料：宜采用中砂，细度模数宜大于 2.3，含泥量不应大于 3 %。

⑥混凝土配合比：混凝土要经过试配，试件的强度等级和抗渗指标符合设计要求，并有良好的和易性，才允许使用。

⑦混凝土的初凝时间：宜控制在 8 h 左右。

⑧入泵坍落度：入泵坍落度应控制在 12～16 cm。

⑨商品混凝土厂应提供混凝土试配资料：

a.原材料检验报告。

b.混凝土配合比通知单：注明混凝土的 28 d 实测强度和抗渗性能、混凝土拌合物的坍落度以及坍落度随时间损失的实测值、混凝土的初凝时间和终凝时间。

c.专人验收商品混凝土。商品混凝土运到施工现场后，专人测量混凝土的坍落度，坍落度超出范围的一律退货，以确保混凝土质量。任何人都不得向混凝土内加水。按规范要求，留取混凝土试块。对掺有 UEA 补偿剂的混凝土试块，其拆模时间不得少于 2 d，随后进行标准养护。

2.浇筑过程质量控制

（1）浇筑混凝土，应根据当时的气温、原材料状况、单方水泥用量等，计算浇筑前、后混凝土的温度和混凝土抗裂能力，尽可能控制混凝土内外温差和因温度变化造成的裂缝。

（2）计算与筹划每小时混凝土供应量，使混凝土上、下、左、右、前、后各浇筑层间的搭接在混凝土初凝以前完成。

（3）布置混凝土泵停放位置及泵送路线，确定混凝土搅拌车及混凝土泵的数量，应有备用泵及泵管。当竖向结构要求高出底板时，需连续浇筑。

（4）根据本工程具体情况，建议采用分层浇筑法，阶梯式推进。一是可以防止漏振，二是可以避免在柱、墙两面混凝土高差较大，导致柱、墙竖向钢筋移位。要保证混凝土振捣密实，不漏振，承包单位应指派责任心强的工人掌握振动棒，快插慢拔，接槎处应插入下层混凝土 50 mm。特殊部位如钢筋较密，插筋根部，承台及梁与底板交接处，斜坡上、下口处要重点加强振捣。

（5）计划好泌水流经的路线，布置好集水坑，利用潜水泵把泌水向基坑外排出。

（6）基础混凝土表面要求抹 3 遍，即 2 遍木抹搓平，1 遍铁抹压密，以减少表面混凝土收缩裂缝。

（7）保温、保湿养护，混凝土振捣压抹以后应及时使用麻袋或塑料薄膜覆盖，相互搭接好，不能漏缝。

（8）混凝土温度控制指标：

①混凝土上表面与覆盖层下空间的温差小于 30 ℃。

②混凝土上表面与其中部温差小于 25 ℃（设计无明确要求时以施工质量验收规范为准）。

③每昼夜降温速率在 1.5 ℃左右。

（9）任何人不得向混凝土内加水。混凝土的浇筑、分层、分段要合理，在前一层、段混凝土初凝前，浇筑后一层、段的混凝土。振动棒要插入下一层。混凝土要用泵管或串筒浇灌，保证混凝土不发生离析。对配筋密及预埋件多的地方，要认真浇筑，务必密实，并避免碰动钢筋及预埋件。柱筋、剪力墙钢筋两面混凝土的高差不能太大，以免钢筋移位。在承台与底板厚薄相差较大处，事先应做出标记，使工人能分清厚薄的分界线，务必振捣密实。

（10）保温、保湿养护的目的：

①保温养护：一是减少混凝土表面的热扩散，减小混凝土表面的温度梯度，防止产生表面裂缝；二是延长散热时间，充分发挥混凝土强度的潜力和材料松弛特性，使平均总温度对混凝土产生拉应力小于混凝土抗拉强度，防止产生贯穿性裂缝。

②保湿养护：一是刚浇筑不久的混凝土在凝固硬化阶段，水化速度较快，适宜的潮湿条件可防止混凝土表面因脱水而产生干缩裂缝；二是混凝土在保温（25~40 ℃）及潮湿条件下可使水泥的水化作用顺利进行，早期的抗拉能力上升很快，能提高混凝土极限拉伸和抗拉强度。

（11）控制温差可以通过调整草袋层数实现，每增加一层草袋，草袋下的温度可升高 5 ℃左右。

（12）养护时间一般为 28 d，应根据测温记录所绘制降温曲线确定是否需要延长养护期。当混凝土上表面与中心温差小于 15 ℃和混凝土上表面与大气温差小于 15 ℃时，方可拆除草袋。草袋要逐层拆除，严禁一次拆除。

（13）底板浇筑后，上部结构需要定位放线，事前应有周密计划与安排，不能影响混凝土的养护，避免混凝土产生裂缝。

3. 混凝土的测温和养护

（1）根据承包单位所报方案监督检查测温元件的埋设情况，做好成品保护。

（2）混凝土浇捣完成后，养护情况直接决定混凝土是否出现较大的温度差，从而决定混凝土是否出现裂缝。因此要进行及时的温度测定，根据温度场的变化情况改变养护条件，实施信息化养护，确保混凝土的最终质量。

（3）在混凝土的养护过程中严格督促承包单位按已批方案进行，要定岗、定人、定责，且必须派管理人员全过程值班管理。

（4）严格控制混凝土内部最高温度与上表面温度最大温差小于 25 ℃，表面温度与环境温度最大温差小于 20 ℃。

（5）混凝土控制降温速率不宜大于 2 ℃/d。

（6）混凝土初期升温较快，混凝土内部的温升主要集中在浇筑后的 3~5 d，一般 3 d之内温升可达到或接近最高峰值。测温项目和测温频度按 GB 50496《大体积混凝土施工标准》有关规定执行。

（7）大体积混凝土施工温度测记由专人负责，每测温一次，应记录、计算每个测温点的升降值及温差值，做出测温成果即温度变化曲线图，及时做好信息的收集和反馈工作。当混凝土中心温差超过 22 ℃时，测温人员必须向现场施工管理人员报警。当超过 25 ℃时，现场施工必须采取有效技术措施。

①应急措施

a. 密切监视混凝土内温度变化情况，当内外温差达到临界值时，及时报警，采取相应的技术措施。

b. 在监视过程中及时绘制温度变化曲线图，根据温度变化情况，酌情增加或减少保温材料，以信息化指导施工。

②温控措施

a. 采用普通塑料薄膜或麻袋进行覆盖，麻袋铺设层数需按计算确定。

b. 覆盖应及时，在混凝土浇捣过程中逐步覆盖先浇捣完部分，平整后即先铺设。

c. 气温突变，或突降暴雨，发现混凝土温度变化超出控制指标，应迅速采取相应的保温措施，防止温差扩大，造成混凝土出现裂缝。在混凝土内部温度峰值来临前期每 2 h 测一次，在混凝土内部温度峰值来临后期（24 h 内）每 4 h 测一次，再后期 6~8 h 测一次，同时应测大气温度。所有测温控均需编号，进行内部不同深度与表面温度的测量，应让懂技术、责任心强的专人进行测温记录，交技术负责人阅签，并作为对混凝土施工质量控制的主要依据。

第五章 安装工程特点和监理要点

第一节 概述

一、主要设备简介

机泵类设备：汽轮发电机组，锅炉给水泵及驱动透平、高压水泵、加药系统成套加药泵、高压启动油泵、润滑油泵、其他各类输油泵和水泵，一次风机、二次风机、引风机、返料风机、抽风机、排油烟风机，卸氨压缩机，输储煤设施等。

非标设备：锅炉、除尘设施、脱硫吸收塔、脱硝反应器、换热器、储罐、扩容器、水箱、料仓等。

机组选型使用原则：

（1）采暖型热电联产项目原则上采用单机 5 万千瓦及以下背压热电联产机组。燃气－蒸汽联合循环热电联产项目优先采用"凝抽背"式汽轮发电机组。

（2）工业热电联产项目优先采用高压及以上参数背压热电联产机组。燃气－蒸汽联合循环热电联产项目可按"一抽一背"配置汽轮发电机组或采用背压式汽轮发电机组。大型联合循环项目优先选用 E 级或 F 级及以上等级燃气轮机组。

（3）加快替代关停小燃煤锅炉和小热电机组，积极推进热电联产机组与供热锅炉协调规划、联合运行。调峰锅炉供热能力可按供热区最大热负荷的 25 %～40 % 考虑。热电联产机组承担基本热负荷，调峰锅炉承担尖峰热负荷。在热电联产机组能够满足供热需求时，调峰锅炉原则上不得投入运行。

二、主要管道简介

管道有高压炉管、主蒸汽管道、高压给水管道、油管道等。高压炉管、主蒸汽管道一般分别为合金钢管道 A335P91、12Cr1MoVG，其他管道材质一般为 20、20G。主蒸汽管道类别为 GD1 类，设计压力为 10.82 MPa，设计温度为 545 ℃。疏放水二次阀（不含）后设计压力为 4.0 MPa，设计温度为 435 ℃。主蒸汽管道所有焊缝采用 100 % 无损检测，管道焊接验收按照 DL/T 5210.5《电力建设施工质量验收规程　第 5 部分：焊接》执行。

三、安装工程特点

1. 循环流化床锅炉为散件到货、现场组装

多台循环流化床锅炉占地面积大，主体框架高，各类零部件种类多、数量大；起吊、安装、焊接、检验等工序繁多，作业流程长，多个环节需按电力系统程序验收，程序复杂。

（1）进场材料种类多，质量控制难度较大，存在合金钢材料使用错误的可能性，应加强对锅炉散件到货质量的检查。

（2）水冷壁、过热器、区域管道等受压元件焊口数量多，多数为高空作业固定焊口，焊接条件差，焊接质量要求高。锅炉密封焊接点多面广、工作量大，密封焊接质量直接影响锅炉的正常运行，需要予以重视。

（3）循环流化床锅炉旋风分离器衬里施工难度大，质量要求高。

2. 大型机组数量多、结构复杂

大型汽轮发电机组安装技术要求高，质量验收环节较多，施工及检查周期长。涉及土建、机械、工艺、电仪多专业紧密配合，需要建设单位、监理机构协调好相关承包单位、设备制造单位及配套厂商。

由于工期紧，质量要求高，必须提前做油站的跑油工作和汽轮机入口管线的吹扫工作。

3. 管道材质、规格、品种多，数量大

汽水系统管道大多属于高温高压管道，蒸汽管道材质主要为铬钼合金钢，焊接及热处理要求高，管道管径大，蒸汽管径超过 DN300 mm。监理人员需要从焊接工艺评定、焊接过程控制（坡口组对、焊接温度、热处理等）、焊接点口、焊接结果控制等多方面对焊接质量进行控制，保证焊接一次合格率。

汽水系统管道对内部清洁度要求高，如果处理不当或控制不严，会对管道吹扫、透平试车造成不利影响。

烟风道现场制作工作量大，焊接、吊装要采取防变形措施。

4. 工期紧

在石油化工联合装置项目中，热电联产装置属于公用工程系统，必须在项目中提前建成中交投用，绝对施工周期一般为 12 个月，工期十分紧迫。土建工程受自然和工艺条件限制，进度难以压缩。安装工程往往成为赶工期的重点，必须精心策划，抓住关键路径，统筹协调设计、采购、施工等各环节的进度，才能完成建设工期目标。

第二节 锅炉本体安装

一、概述

（1）锅炉本体主要包括：锅炉构架（钢结构、空气预热器、燃烧装置等），受热面（汽包、水冷壁、过热器及省煤器等），锅炉附属管道及附件（排污、取样、加热、疏放水、排气和减温水管道，水位计、安全阀、吹灰系统等）。

（2）凡《特种设备安全监察条例》（国务院令第 549 号）涉及的设备，出厂时应附有设计文件、产品质量合格证明、安装及使用维修说明、监督检验证明等文件。

（3）锅炉机组在安装前应对设备进行复查，如发现制造缺陷，由建设单位、监理单位与制造单位研究处理并签证。

（4）设备基础按 GB 50204《混凝土结构工程施工质量验收规范》进行检查，验收合格并办理交接手续。基础强度未达到设计值 70％时不得承重。

（5）主要施工工序：

①钢架组合件安装；②炉顶钢架组合件安装；③钢架整体复查找正；④柱脚二次灌浆；⑤汽包安装；⑥下降管安装；⑦水冷壁安装；⑧一、二级空气预热器安装；⑨一级过热器安装；⑩二级过热器安装；⑪屏式过热器安装；⑫南侧水冷壁安装；⑬一、二级省煤器安装；⑭顶部、底部连接管安装；⑮顶棚过热器安装；⑯减温器、集箱安装；⑰锅炉范围内汽、水管线安装；⑱炉体管线酸洗；⑲燃烧器安装；⑳炉体防腐；㉑锅筒内件安装；㉒筑炉；㉓保温；㉔外护板安装；㉕风压试验；㉖烘炉。

二、锅炉钢架安装

（1）锅炉钢架出厂时均应有相应编号，按协议分期运抵现场，接收存放要有专人负责登记造册，避免混乱。

（2）锅炉钢架在安装前应开箱检验。根据供货清单、装箱单和图纸清点数量，外观检查钢架及有关金属结构油漆质量应符合技术协议要求，主要部件结构尺寸、焊接、铆接和螺栓连接的质量应检查合格，钢材和焊接材料的材质应符合设计文件，光谱逐件分析复查合金钢（不包括 Q345 等低合金钢）零部件合格，焊缝质量等级及无损探伤应符合 GB 50205《钢结构工程施工质量验收标准》的规定。

（3）锅炉钢架安装应采取先地面组合，再分片、分段模块化吊装工艺，以减少高处作业风险，提高工效和施工质量。这样做需使用大吊车，应做好吊装方案。

（4）钢架组合件吊装前，监理机构应组织进行联合检查，确认安装允许偏差、焊缝探伤、防腐等内容符合规范要求。相应的护栏、生命绳或爬梯等劳动保护措施提前固定并与钢架同步吊装就位，可大大降低高处作业风险。

（5）锅炉钢架吊装找正。

锅炉钢架吊装找正时，测定第一段立柱上的 1 m 标高点，应根据厂房的基准标高点确定，以上各层的标高测量均以该 1 m 标高点为准。

锅炉钢架吊装后应复查立柱垂直度、主梁挠曲值和各部位的主要尺寸。

分段安装的锅炉钢架应安装一层，找正一层，不得在未找正好的钢架上进行下一工序的安装工作。

锅炉大板梁应在承重前、锅炉水压试验前、锅炉水压试验上水后、水压试验完成放水后、锅炉点火启动前测量其垂直挠度，测量数据应符合厂家设计要求。

（6）高强螺栓安装。

根据规范强制性条文要求，锅炉钢架安装前应使用临时螺栓进行组合安装和调整，再逐个更换为高强螺栓进行初拧和终拧，直至最终分层交付。

高强螺栓连接副出厂时应随箱带有扭矩系数和预拉力的检验报告，监理工程师应检查有关质量证明文件、中文标志及检验报告等。应进行见证取样，对高强螺栓连接副进行扭矩系数复验，摩擦面抗滑移系数检验，施工扭矩现场检验。对扭剪型高强螺栓连接副进行预拉力复验。

有些承包单位违反规定，直接用高强螺栓进行钢结构预组合和安装、调整。对此，监理人员应在钢结构开工前将临时连接螺栓落实作为开工条件把关，杜绝此类违反强标强条的行为发生。

（7）锅炉钢架安装方案应考虑预留待装的部位，避免影响后续受热面设备的吊装和底部施工机械的进场。预留待装的部位应经过施工方案专门核算，不得影响结构稳定或锅筒、水冷壁吊装受力安全。

（8）炉门、窥视孔和炉墙零件安装符合规范要求。

（9）锅炉密封部件安装。

汽包、联箱外壳与密封铁板连接处的椭圆螺栓孔位置必须调整正确，不得妨碍汽包、联箱的膨胀。

焊接在受热面上的密封件应在受热面水压试验前安装和焊接完毕。

炉顶大罩壳包覆框架应焊接固定在炉顶吊挂装置或受压部件的预埋件上，按厂家图纸预留足够的膨胀间隙。外护板安装应搭接牢靠，搭口方向一致，吊挂装置穿大罩壳处有密封装置。

补偿器的冷拉（压）值应符合图纸要求，并做好记录。非金属补偿器疏水口安装方向应正确，补偿器内导流板应顺流布置，安装完成后内部填实绝热材料。

三、受热面安装

1. 安装前检查

受热面设备在安装前应根据供货清单、装箱单和图纸进行全面清点，注意检查表面有无裂纹、撞伤、龟裂、压扁、砂眼和分层等缺陷。表面缺陷深度超过管子规定厚度的 10 % 且大于 1 mm 时，应进行处理。

在对口过程中注意检查受热面管的外径和壁厚的允许偏差，允许偏差应符合规范要求，如超出规范要求应进行处理。

合金钢材质的部件应符合设备技术文件的要求。组合安装前必须进行材质复查，并在明显部位做出标志。安装结束后核对标志，标志不清时应重新复查。

膜式受热面在安装前，应对管排的尺寸和金属附件、门孔等的定位尺寸进行检查，应符合厂家图纸要求。

2. 炉管通球

受热面管在组合和安装前必须分别进行通球试验，试验应采用钢球，且必须编号并严格管理，不得将球遗留在管内。通球后应及时做好可靠的封闭措施，并做好记录。

通球压缩空气压力不宜小于 0.4 MPa，通球前应对管子进行吹扫，不含联箱的组件需进行二次通球，通球球径应符合规范要求。外径大于 76 mm 的受热面管可采用木球进行通球，直管可采用光照检查。

确保受热面每一组蛇形管束回路通球合格，如果球不见了，一定要找到，避免遗漏或卡在管内，人为造成堵管。另外，所有管口均要在收工或不干活时及时封堵，防止异物进入。监理人员在通球过程进行旁站。

3. 炉管组焊

影响炉管组焊质量和探伤一次合格率的因素很多，监理人员应该关注炉管焊接的如下因素，通过细致的工作，有效控制各种因素，使其达到锅炉焊接一次合格率 98 % 以上的优质水平。

（1）人：人是最难管的因素，焊工的资质和水平，焊接质检员、焊接工程师的责任心和水平，管工的焊口组对质量，以及人的工作情绪等对焊接质量均有影响。应尽量减少空中固定口焊接，尽量在地面组合完成焊接和检验以及返修。

监理工程师应核查焊工、焊接质检员、焊接工程师的相应资质，入场前通过官网进行查验截屏，防止弄虚作假。有证焊工应进行技能验证性考试，合格后方可入场。施工过程中进行动态核查，防止管理人员缺失或张冠李戴。

（2）材料：注意管子的口径、椭圆度、弯管处壁厚、集箱管口的间距和角度的一致性。铬钼钢的光谱检验，焊条焊丝的选用、保管及发放均应符合相关规定。一个焊条筒不得有两种焊条。

（3）机：电焊机、氩弧焊机等机械选择正确，功能完好。磨光机、电磨头等专用工具合适好用。机具进场应进行验证性查验标志。

（4）法：焊接工艺评定报告符合规定并适用，焊接作业指导书正确可行。现场焊工能够执行焊接作业指导书，确保不发生系统性错误。

要控制好焊接质量，应从焊口组对间隙、坡口角度、焊接电流、焊接速度、焊缝外观检测、无损检测、光谱分析、焊前预热和焊后热处理的温度和时间等方面进行控制。

受热面管子对口时按厂家图纸规定做好坡口，对口间隙应均匀，管端内外 10~15mm 在焊接前应打磨干净，直至显出金属光泽。焊件对口应内壁齐平，对接单面焊的局部错口值不应超过壁厚的 10%，且不大于 1 mm。锅炉受热面组焊应避免强力组对，保证焊接质量，且应考虑与探伤工作有序衔接，保证探伤比例可实现，防止全部组焊完造成部分焊口无法探伤。

监理工程师要定期和不定期地抽查承包单位的焊接工作记录、台账以及焊缝布置图。确保所有焊口均有焊接记录，包括对应的焊工姓名、资质、焊条/焊丝牌号等，确保焊接处于受控状态。焊接台账非常重要，对每名焊工焊接的焊口编号、焊接数量和一次合格率统计建立台账，既可从宏观上控制整体焊接质量，也能对个体焊工焊接状况进行评判，以提高焊接质量管控的针对性和可追溯性。

（5）环境：影响焊接质量的环境因素有天气、湿度、风速、温度，还有焊工所处的工作环境是否安全、平台是否牢固稳定、焊接空间是否足够、焊接位置是否适合等。尽量营造合适的工作环境，严禁在超标或不安全环境中赶工焊接，例如下雨无遮挡、空气湿度很大、穿堂风焊接等。

4. 汽包、汽水分离器、联箱

汽包、汽水分离器、联箱吊装必须在锅炉钢架找正和固定完毕后方可进行。安装找正时，应根据钢架中心线和汽包、汽水分离器、联箱上已复核过的铳眼中心线进行测量，安装标高应以钢架 1 m 标高点为基准。安装允许偏差应符合规范要求。

吊挂装置和内部装置安装后应符合规范要求。不得在汽包、汽水分离器、联箱上引弧和施焊，如需施焊，必须经制造厂同意，焊接前应进行严格的焊接工艺评定试验。

各联箱封闭前应检查联箱内清洁度，确认无异物方可封闭，并办理隐蔽工程签证。

5. 水冷壁

水冷壁组合应在稳固的组合架上进行，螺旋水冷壁宜采用地面整体预拼装。组合件的允许偏差、刚性梁组合和安装的允许偏差应符合规范要求。

水冷壁应按厂家图纸要求进行密封焊，并应检查焊缝是否有漏焊、错焊。循环流化床锅炉密相区或厂家技术文件有明确要求的部位密封焊应进行渗透检查。

6. 过热器、再热器、省煤器

过热器、再热器、省煤器组合安装的允许偏差应符合规范要求。受热面的防磨装置应按图纸留出接头处的膨胀间隙，且不妨碍烟气流通。

锅炉连通管应能够自由膨胀且不阻碍受热面设备的膨胀。

锅炉连通管支吊架的安装活动零件与其支撑件应接触良好，能满足管道自由膨胀。设计要求偏装的支吊架，应严格按照设计图纸的偏装量进行安装。设计未做明确要求的，应根据管系整体膨胀量进行偏装。吊杆的调整应在水压试验前进行，最终调整后应按图纸要求锁定螺母。吊杆不允许施焊或引弧。

7. 受热面密封焊和自由膨胀

水冷壁、过热器在管屏鳍片上进行的密封焊，焊缝本身不承受管内汽水压力。但由于焊接操作距离炉管很近，焊接容易伤及炉管本体。即使制造厂在炉管上焊接的鳍片，也可能存在咬边、飞溅、气孔、裂纹等缺陷伤及炉管。运行一段时间后，薄弱环节发生穿孔、开裂、泄漏。因此，鳍片等非承压件只要在炉管本体上焊接，应视为锅炉压力管道焊接，纳入受监焊缝进行焊接、检测管控。监理人员在现场，要监督承包单位派遣合格焊工，严格执行焊接工艺纪律，尤其是不得在炉管本体上引弧打火。采取氩弧焊可大大降低对母管的损伤，但工效有所降低。

有的制造厂已改进了制造工艺设计，以便减少或避免现场密封焊直接与水冷壁、过热器、省煤器等受热面管束本体接触，减少隐患的发生。

另外，在管屏上固定焊接的横梁、保温支撑等部件，应严格按照图纸要求留有间隙，避免影响受热面膨胀伸缩，否则在试运行阶段就会成为遗漏点。

8. 循环流化床锅炉受热面设备

气流分布设备安装：水冷式风室及布风板安装应符合规范要求，安装完成后与炉膛水冷壁进行整体找正验收。钢板式风室设备安装应待水冷壁下联箱找正验收后进行，安装应符合厂家图纸要求，与联箱连接件应在受热面水压试验前安装完成。

外置床设备组合、安装允许偏差应符合规范要求，安装焊接应符合厂家技术文件要求。外置床设备安装结束后，应将内外杂物清除干净，临时固定的物件全部拆除，参加锅炉整体风压试验，检查其严密性。

汽冷型旋风分离器的组合安装：水冷套安装必须符合图纸要求，膨胀自由；汽冷分离器管束上现场焊接的爪钉、鳍片及其他密封焊接应符合厂家图纸要求；汽冷分离器安装其他技术要求应符合规定；旋风分离器膨胀节偏装值应符合厂家图纸要求。

炉膛密封：所有炉膛内侧的密封焊缝应按图纸要求打磨光滑。正压燃烧区域密封焊缝应进行渗透检查。二次密封的安装应符合下列要求：

（1）密封槽体的膨胀间隙应符合设计要求，槽内干净无杂物。密封槽体的底板、立板（插板）的水平度和平整度应不大于 5 mm。

（2）管屏密封槽体应安装平整，与管屏连接处应焊接牢固。槽插板应有足够的膨胀间隙。

（3）波形伸缩节安装的冷拉值或压缩值应符合厂家图纸要求，导流板开口方向与介质的流向一致。

（4）密封焊接应符合厂家图纸要求，采取防止变形和产生附加应力的措施。

四、水压试验

锅炉受热面系统安装完成后，应进行整体水压试验。锅炉水压试验既是里程碑节点，也是特检院、质量监督单位的停检点。不仅现场实体组装、焊接、无损检测等工作要完成，而且相应工程过程资料要收集完整，监理机构应提前做好水压试验条件的预检和把关，超压试验要严格按照试压方案进行。

超临界、超超临界锅炉主蒸汽、再热蒸汽管道水压试验宜采用制造厂提供的水压堵阀或专用临时封堵装置，水压试验临时管路与堵头的强度须按规范进行计算校核。

锅炉进行水压试验前，可进行一次 0.2~0.3 MPa 的气压试验，试验介质为压缩空气。超压试验压力按制造厂规定执行，若无规定，试验压力应符合规范要求。升降压速度不应大于 0.3 MPa/min；当达到试验压力的 10 % 左右时做初步检查，未发现泄漏可升至工作压力检查有无漏水和异常现象；然后继续升至试验压力（超压阶段升降压速度应小于 0.1 MPa/min），保持 20 min 后降至工作压力进行全面检查，检查期间压力应保持不变。

水压试验是检验焊缝质量和锅炉受热面整体强度和稳定性的重要工序，优良的焊接质量是确保超压试验一次合格的必要条件，水压试验一旦发现有漏点，就必须彻底根除。通过水压试验并不能保证锅炉点火后在高温工况下不发生泄漏，但是可以减少发生泄漏的机率。

对于主蒸汽（超高压蒸汽）管线、高压锅炉给水管线等管道试压同样应当高度重视。

在进行水压试验时，监理工程师应会同生产、施工、总包以及质量部门共检。

五、锅炉附件

1. 水位计

水位计在安装前应检查：各汽水通道不应有杂物堵塞，玻璃压板及云母片盖板结合面应平整严密，必要时应进行研磨，各汽水阀门应装好填料，开关灵活，严密不漏，结合面垫片宜采用紫铜垫。

水位计在安装时应根据图纸尺寸，以汽包中心线为基准，在水位计上标出正常、高、低水位线，偏差应不大于 1 mm。水位计在安装后应将水位计零位引至汽包端部做好永久标志。

水位计只参加工作压力水压试验，不参加超压试验。

2. 安全阀

安全阀除设备技术文件有特殊规定外，弹簧组件不宜在现场解体；各部件的材质应符合厂家技术文件要求；弹簧特性、可调行程等应与安全阀调整压力相适应；密封面应结合良好，严密不漏；弹簧质量应符合有关技术要求。

安装安全阀时应保证阀杆处于垂直位置，阀体上部要留有足够的检修空间；阀门进出口管道焊接时不得通过阀体和弹簧引接地线。

安全阀必须在锅炉点火后经过专业机构在线调试合格。

3. 消音器

安全阀起跳放空管上连接消音器，消音器体积和重量较大，与放空管的连接加固要经过设计核算，不能仅看厂家说明书。炉顶消音器由于地点特殊，焊接需要高度重视。经过试车阶段开停炉后，曾发生个别消音器根部焊缝断裂及消音器歪倒差点坠落的未遂事故。

4. 吹灰装置

吹灰装置安装应复查合金钢材质，阀门及法兰结合面应严密不漏，吹灰枪全行程动作灵活平稳且行程开关的动作与吹灰枪行程相符，吹灰枪的挠度应符合设备技术文件的规定。吹灰器与受热面的间距应符合厂家图纸规定，长（半）伸缩式吹灰器根据对应的膨胀位移值偏装（允许误差应为 10 mm）。

六、炉墙砌筑与设备保温

（1）砌筑及保温施工前，对每批到达现场的原材料及其制品，应先核对产品合格证等质量证明文件，并做外观检查。按批次进行现场见证抽样复检，检验项目应符合规范规定，检验结果应符合设计要求。

（2）不定型耐火、保温材料及抹面材料在施工前应按材料厂家规定的配合比要求制作标准尺寸的试块。

（3）炉墙砌筑及保温用金属附件安装。

承压设备上的金属附件焊接工作应在承压部件严密性试验前完成。金属附件的材质和规格应符合设计技术文件的规定，合金部件安装前应进行材质复核检验。金属附件的安装尺寸应符合设计要求，安装间距误差不应大于 5 mm，垂直度及弯曲度不应大于 3 mm。金属附件焊接应符合设计要求，焊接应牢固。无设计时，应采用双面焊接，焊缝高度不应小于 3 mm，连续焊缝长度不应小于 20 mm。必要时，应对已安装的耐火锚固件、保温钉进行牢固性检验。

（4）不定型耐磨耐火材料施工。

施工及养护的环境温度宜在 5~35 ℃，否则应采取可靠的加热或降温措施。

拌制好的不定型砌筑、保温、抹面材料必须在材料技术文件规定的时间内用完，已初凝的材料不得继续使用。

浇筑作业前应按设计要求合理设置膨胀缝，膨胀缝边沿应平整、顺直。必要时，膨胀缝应做成迷宫形。

炉顶密封浇筑施工应在锅炉顶棚一次金属密封及锅炉水压试验合格后进行。浇筑施工完毕经验收合格后,方可进行二次金属密封。

浇筑后根据不同类型的材料,按规范规定的时间、温度进行潮湿养护或自然养护。

(5)炉墙砌筑。

砌砖施工时应检查砖的表面裂纹和缺损情况,表面裂纹宽度不大于 0.5 mm,深度不大于 7 mm。相邻两面的裂纹不得在角部相连,吊挂砖的主要受力处不得有裂纹。

砌筑时,耐火砖的向火面应选用质量较好的砖面,破面、缺棱角处不得砌于向火面。砌砖应使用木锤或橡胶锤找正,不应使用铁锤。泥浆初凝后,不得再敲击砌体。

炉墙中的耐火砖不得使用小于或等于 1/3 砖长的断砖,且每层的断砖数量不得超过 3 块。断砖时应使用专用切割机具,切断面应磨平。

膨胀缝的设置应符合设计要求。膨胀缝的位置应避开受力部位及孔洞。砌体内外层的膨胀缝不应互相贯通。外部应密封完好,无烟气通道存在。膨胀缝内应洁净,按设计要求填塞柔性耐火材料,耐火材料应与向火面炉墙表面平齐。

异型吊挂砖不得随意砍削,吊孔在修整时其配合间隙应小于 5 mm。

砖砌炉墙的尺寸允许偏差应符合规范要求。

(6)锅炉本体及热力设备的保温应进行热态表面温度检测,环境温度不大于 27 ℃时,表面温度应不大于 50 ℃。环境温度大于 27 ℃时,表面温度应不大于环境温度加 25 ℃。特殊部位的热态表面温度应符合设计要求。

七、烘炉

(1)循环流化床锅炉炉衬砌筑施工全部结束且砌体养护期满后,宜在 90 d 内进行低温烘炉,最长不应超过 180 d。全陶瓷纤维内衬不参加低温烘炉。

(2)独立外置设备炉墙可在主体炉墙的低温烘炉前单独进行烘炉。

(3)主体炉墙低温烘炉应具备下列条件:

①锅炉本体及膨胀指示器、有关管道已安装结束,经过验收签证。

②与低温烘炉有关的水汽、烟风或临时烟风、给水、排污、辅机、消防等系统已安装且试运完毕。

③与低温烘炉有关的温度、压力等热工测量仪表已安装校验并调试合格,能够随时投入使用。

(4)低温烘炉宜采用带压方式,最大蒸汽压力不宜超过锅炉额定压力的 85 %。推荐采用外生热烟气法进行烘炉,烘炉烟气温度宜控制在 320~350 ℃。

(5)低温烘炉方案及温升曲线应根据材料厂家的烘炉技术要求进行编制。烘炉时应严格控制温度的升降速度和恒温时间,温度波动允许偏差为 ±20 ℃。

(6)不定型耐火材料烘炉试块的制作应符合现行国家标准的规定。烘炉结束后试块残余含水率不大于 2.5 % 时可视为烘炉合格。

（7）烘炉完成并冷却至常温后，应对内部炉墙及膨胀节部位进行外观质量检查，如发现较大缺陷，应及时修补。

八、质量验收

锅炉施工质量分阶段由承包单位、监理单位、建设单位进行质量验收，其质量验收应具备下列签证和记录：

1. 锅炉构架及有关金属结构质量验收应具备下列签证和记录：

（1）设备开箱检查记录及设备技术文件、设备出厂合格证书、检测报告等；

（2）高强螺栓抽样复检及高强螺栓连接摩擦面的抗滑系数试验的复验报告；

（3）锅炉基础复查记录；

（4）隐蔽工程施工记录及签证；

（5）立柱垫铁及柱脚固定后允许二次灌浆签证；

（6）锅炉钢架高强螺栓连接副抽样复检报告；

（7）锅炉钢架高强螺栓紧固记录；

（8）锅炉钢架高强螺栓紧固后复查记录；

（9）锅炉钢架组合件、立柱安装记录；

（10）锅炉顶板梁安装记录；

（11）锅炉钢架在安装施工过程中的沉降观测记录；

（12）管式空气预热器风压试验签证；

（13）回转式空气预热器安装记录；

（14）回转式空气预热器分部试运签证；

（15）燃烧装置安装记录；

（16）主要热膨胀位移部件安装记录（如水封槽的膨胀间隙和伸缩节的冷拉值或压缩值等）；

（17）分部试运记录及签证。

2. 受热面质量验收应具备下列签证和记录：

（1）设备开箱检查记录及设备技术文件、出厂合格证书、检测报告等；

（2）合金钢材质复核记录；

（3）受热面管通球试验签证；

（4）联箱、汽包、汽水分离器内部清洁度检查签证；

（5）汽包、汽水分离器安装记录；

（6）水冷壁组合、安装记录；

（7）过热器、再热器及省煤器组合安装记录；

（8）膨胀指示器安装记录及锅炉首次启动过程的膨胀记录；

（9）汽包内部装置安装检查签证；

（10）受热面密封装置签证（指正压和微正压锅炉）；

（11）受热面吊挂装置受力情况检查签证；

（12）锅炉隐蔽工程签证；

（13）锅炉水压试验签证；

（14）分部试运记录及签证。

3. 锅炉附件质量验收应具备下列签证和记录：

（1）设备开箱检查记录及设备技术文件、设备出厂合格证书、检测报告等；

（2）合金钢材质复核记录；

（3）汽包水位计安装记录；

（4）安全阀安装记录；

（5）吹灰器安装记录；

（6）分部试运记录及签证。

4. 炉墙砌筑及热力设备保温质量验收应具备下列签证和记录：

（1）原材料出厂合格证书及复检报告；

（2）隐蔽工程签证；

（3）低温烘炉记录；

（4）锅炉本体及热力设备保温外护层表面热态测温记录；

（5）合金钢材质复核记录；

（6）不定型耐火材料的配比、取样试块检验报告；

（7）不定型耐火材料的冬期施工记录；

（8）施工质量验收记录；

（9）强制性条文执行检查记录；

（10）钢结构漆膜测厚记录。

第三节　烟风道及附属设备安装

一、烟风道的组合及安装

组合件焊缝必须在保温前经渗油检查合格。管道安装结束后，应参加锅炉整体风压试验，检查其严密性，发现泄漏应做好记录并及时处理，发现振动应分析原因并消除振动。

二、挡板、插板及其操作装置安装

挡板、插板在安装前应进行检查，必要时做解体检修。轴封或密封面应密封完好。轴端头应做好与实际位置相符的永久标志。开关应灵活，关闭严密。组合式挡板门各挡板的开关动作应同步，开关角度应一致，符合设计要求，膨胀间隙符合图纸要求。

采用万向接头连接的操作装置，其转动角度不应大于 30°。

操作装置的操作把手或手轮应装成顺时针为关闭的转动方向，操作应灵活可靠。

操作装置应有开、关标志，并有全开和全关的限位装置，开度指示明显清晰，并与实际相符。

三、补偿器安装

套筒式伸缩节安装时应按设计留出足够的伸缩量。补偿器（伸缩节）临时固定件应在分部试运前拆除。

波形补偿器冷拉（压）值应符合设计要求，导流板开口方向与介质的流向一致，焊接牢固无卡涩。波形补偿器的对接应选取全氩弧焊工艺，保证焊缝严密、美观。非金属补偿器金属框架焊接对接，蒙（密封）皮与填充料安装应符合厂家技术文件要求。

四、防爆门安装

防爆门安装前应检查防爆膜厚度，制作应符合设计要求。安装应注意防爆门引出管的位置和方向符合设计规定，防止运行中防爆门动作时伤及人体或引起火灾。布置在露天的防爆门应有向上不小于 45° 的倾斜角，防爆门薄膜应采取适当的防腐蚀措施。

五、循环流化床锅炉旋风分离器安装

旋风分离器安装前应进行清点检查，合金部件经光谱分析合格并做标志。焊缝不应有漏焊、气孔、裂纹、砂眼等缺陷。设备检查项目允许偏差应符合规范要求。

旋风分离器组合安装：分离器筒体安装椭圆度偏差、标高偏差等符合规范要求。对口间隙均匀，进出料端口加工修理平整。筒体内支撑环安装标高偏差、支撑环水平度偏差、支撑环宽度偏差应符合厂家图纸要求。支架布置安装应正确，限位合理。

六、炉膛及烟风系统密封性试验

炉膛及烟风系统密封性试验范围：炉膛、尾部烟道及空气预热器，烟、风、煤粉管道、脱硝装置、除尘器及烟风系统辅机设备。

试验应具备的条件：炉膛及烟风系统内部清理检查、烟风系统管道焊缝渗油试验等文件齐全且符合要求；烟风系统管道支吊架安装调整并验收完毕；门孔、密封装置等均通过密封性检查合格；风门操作灵活、指示正确，气动、电动风门的操作装置能投入使用；试验使用的风机通过分部试运；炉膛及烟风系统压力测量装置能投入使用。

试验压力应按锅炉厂家技术文件的规定进行，无规定时按 0.5 kPa 进行气压试验。试验时可选用在风机清扫门处投放滑石粉或其他能清楚反映泄漏情况的介质等方法检查密封性，发现泄漏应及时做好标志和记录。滑石粉投入量可按不低于 0.04 kg/m³（炉膛及烟风道总容积）计算。如检查发现炉膛或炉顶密封区域大范围泄漏，则在缺陷处理完毕后，应重新进行炉膛及烟风系统密封性试验。

七、除尘器安装

除尘器主要有静电除尘器和袋式除尘器，其框架结构安装应符合相应规范要求，特殊部件安装表述如下。

1. 静电除尘器

阳极板排组合及安装：阳极板排组合时，需对阳极板单片进行检查，平面偏差不大于 5 mm，扭曲偏差不大于 4 mm，板面应光滑、平整，无毛刺，无明显伤痕及锈蚀。阳极板组合后，平面弯曲偏差不大于 10 mm，两对角线长度偏差不大于 5 mm；尺寸超标时应做相应校正。阳极板的吊装有专门的措施，不得使板排产生永久性变形。阳极板排两端用螺栓紧固时，紧固力矩应符合设备技术文件规定；紧固完毕后，螺母应有防松措施，不得有毛刺、尖角。

阴极悬吊系统安装：阴极悬吊系统的支撑套管在安装前应仔细检查，不得有裂纹等缺陷；安装时不得敲击和压撬，套管内如需填料应及时填充。同一组的支撑套管应调整到同一平面内，平面偏差不大于 1 mm。支撑套管中心线与吊杆中心线应重合，两中心的偏差不大于 10 mm。

振打系统安装：锤头应转动灵活，无卡涩、碰撞现象。锤头与承击砧不是点接触，其线接触长度应大于锤头厚度的 2/3。采用顶部振打的，应提升自如，脱钩灵活，振打锤应打在锤座中心，允许偏差为 3 mm。采用侧部振打的，其振打轴水平偏差应不大于 1.5 mm，其同轴度偏差相邻两轴承座之间为 1 mm，全长为 3 mm；侧部振打的锤头与承击砧的接触位置偏差在水平方向为 ±2 mm，在竖直方向为 ±5 mm。

壳体、灰斗等部位应按设计要求焊接，灰斗的承重焊缝质量应有制造单位代表参加验收。密封焊应做渗油试验检查，并参加锅炉烟风系统整体风压试验。灰斗如采用电加热装置，在保温前应做通电试验；如采用蒸汽加热装置，在保温前应做不小于1.25倍工作压力的水压试验。

静电除尘器风压试验合格后，应根据厂家技术文件要求做冷态气流分布试验。整机性能指标应符合 DL/T 514《电除尘器》和设备技术文件要求。

2. 袋式除尘器

旋转喷吹装置安装：旋转喷吹装置安装的中心线允许偏差为 ±5 mm，标高允许偏差为 ±10 mm。应保证喷管与花板间的距离，喷管上各喷嘴中心与花板孔中心同心允许偏差为 ±10 mm。减速机应按设备技术文件规定进行检查，安装完毕后应进行整体检查，确保其转动灵活、平稳。联轴器找正允许偏差径向不大于 0.10 mm，端面不大于 0.05 mm。联轴器保护罩安装应牢固、美观。

滤袋安装：安装前应对滤袋几何尺寸及外观质量进行检查。滤袋安装应符合厂家技术文件的规定，在安装和试运中应有防止滤袋损坏的措施。套袋短管的垂直度偏差不应大于 2 mm。安装时滤袋不得扭曲和折皱，应严密封紧袋口，绷紧滤袋表面，内滤式滤袋有卡环的应抱紧。滤袋安装固定后应检查垂直度，调整张紧力。进行预喷涂之前，应确保滤袋不与原烟气接触。

八、质量验收

烟风道及附属设备施工质量分阶段由承包单位、监理单位、建设单位进行质量验收，其验收应具备下列签证和记录：

（1）重要材料及附属设备的出厂证件和现场复检记录；
（2）炉膛及烟风系统密封性试验签证；
（3）烟风道、燃（物）料管道焊缝渗油试验签证；
（4）电除尘的带电升压试验签证；
（5）电除尘振打及传动装置分部试运签证；
（6）袋式除尘器旋转喷吹装置、振动驱动装置试运签证；
（7）隐蔽工程签证；
（8）烟风道、燃（物）料管道及附属设备组合、安装记录；
（9）静电除尘器安装记录；
（10）袋式除尘器安装记录。

第四节　输储煤设备安装

一、基本情况（以某项目为例）

输储煤设备包括燃煤卸运交接处至锅炉房原煤仓所有卸运、堆取、破碎、筛分系统设备，分为厂外煤炭输送和厂内储煤及输送设施两大系统。厂外煤炭输送系统包括水路输煤系统、码头区域。厂内储煤及输送设施系统由三座煤仓及配套的转运站、破碎楼等构筑物及皮带输送栈桥等组成。

主要设备有堆取料机、胶带输煤机、卸煤设备、管带机、波纹胶带机、液下渣浆泵、叶轮给煤机、电动葫芦、干雾抑尘、破碎机、滚轴筛、电子皮带秤、采样机、电子汽车衡、活化振动给煤机、除尘设备等。

二、设备设施安装的重点和难点

1. 堆取料机安装

（1）设备安装方案和试车方案的审批及落实，安全控制措施的确定，监理实施细则的编写，做到有根有据，便于操作和落实。

（2）根据设计中心坐标及标高复测中心柱门架下部柱体支座基础的纵横中心线。安装时应以回转轴承的上平面为基准，水平偏差不大于上座圈最大直径的 $1/2\,000$。门柱两侧的俯仰液压油缸应平行，并垂直于水平面；垂直度偏差不大于高度的 $1/1\,000$，两液压油缸的活塞柱的升降应同步，升降高度应一致。

（3）支座的找平找正是取料门架的轨道铺设中心和水平面确立的基础，是栈桥来煤和堆料皮带机落煤点的保证。支座的基础中心达到要求，堆料取料运行就能在规定的范围内，保证取料门架运行平稳不震颤。

（4）支座、门架、取料臂的拼装焊接。

焊接场地的确定既要考虑吊装的要求，又要保证满足焊接条件的需要。焊接材料的型号、规格应符合设计图纸及焊接工艺要求。电焊工的技术水平必须满足施工要求，保证焊接质量，避免返工。在地面按图纸将分段拼装成一体，先将定位板用螺栓连接，然后用仪器找准中心线，使机架安装中心重合，经检查、测量满足设计要求后焊接牢固，进行 100% UT 探伤检查、20% RT 抽查并且合格。

（5）钢构及附属设备吊装。

中心立柱及料斗质量为 100 t、门架质量为 95 t、刮板取料机质量为 93.2 t、堆料臂质量为 94 t。钢构及附属设备设施体积大，质量大，现场条件极为复杂，吊件反转需数台吊车配合。经过认真落实施工方案，多台堆取料机安全顺利完成吊装。

（6）刮板驱动装置的安装。

刮板驱动装置是堆取料机的核心，安装要求很高，安装难度很大。首先测量轴孔尺寸，对轴孔使用细砂纸进行打磨，除去油污锈迹，符合紧配合的装配要求。每台堆取料机的刮板驱动装置安装都在 30 h 以上。

（7）回转轴承及平台的安装。

下部、中部、上部回转轴承及平台的安装既要考虑中心位置，又要保证水平偏差满足要求，还要保证齿轮啮合间隙及啮合重合度达到要求。还有重要一点是回转支承滚道淬火软带应置于非负荷区或非经常负荷区。在安装 1# 堆取料机回转轴承时发现这一问题并及时调整，在安装 2#、3# 堆取料机时避免了返工现象。

（8）试运。

首先，分步进行液压系统、堆料机俯仰机构、堆料回转机构、悬臂胶带机、刮板取料机、取料机变幅机构、取料行走机构、喷水抑尘系统、集中润滑等九个系统调试。

然后，先后进行空负荷试车和负荷试车。包括分步试车、手动联动试车、自动联动试车。

2. 管带机安装

（1）熟悉图纸和规范，掌握制作、安装及吊装关键步骤及特殊要求。

（2）安装线路长 2.4 km，分场内和场外，沿线跨过道路、居民区，给施工带来很大困难。做好施工方案和监理实施细则编审等技术准备工作，做到万无一失，最后安全顺利完成任务。

（3）管带机钢构开箱检验。

进场开箱验收时发现材料表面防腐较差，钢构焊接质量低劣，材质有问题，装配不符合规定等现象。当即要求返厂或在存放场地返修，经再次验收合格后才允许使用。

（4）管带机组装。

钢结构的立柱和桁架在现场安装前要进行验收，确认合格后方可吊装。

支撑托辊组的框支架内侧应无尖棱和毛刺。沿输送方向支撑框架金属结构的中心连线的直线度和曲线部分的线轮廓度应符合规范要求。

在整机全长范围内，承载段的直线部分托辊组中心线的直线度和曲线部分的线轮廓度应符合规范要求。

托辊组对面托辊应平行，托辊间距应相等，允许偏差为 1 mm。托辊组内表面应位于同一平面（水平面或倾斜面）或同一公共半径的弧面上，相邻三组辊子内表面的高低差不得超过 2 mm。过渡托辊组的安装位置、角度应符合设计要求，满足输送带在圆弧面和平面之间的过渡。

输送带应平稳、对中运行，管状部分的扭转应以搭接部分的理想中心和圆管中心点的垂直连线为基准，在靠近头尾过渡段的管状成型段的 3 组~5 组托辊组间距长度范围内的左右扭转角度均不得大于 20°。

（5）胶带的硫化和穿接。

使用的胶带有 12 卷，需要硫化 12 个接头，要一边硫化一边穿接，关键是硫化的胶带工作面位置不能装反，硫化质量要高，同时工期不能延误。

胶带的铺设应符合下列要求：

①准确核实胶带的截断长度，使胶带胶接后拉紧装置应有不少于 3/4 的拉紧行程。

②覆盖胶较厚的一面应为工作面。

③胶接口的工作面应顺着胶带的前进方向，两个接头间的胶带长度应不小于主动滚筒直径的 6 倍。

胶带胶接工作开始前应做胶接头的胶接试验，试验的胶接头总的扯断力不应低于原胶带总扯断力的 80%。

钢丝胶带的胶接必须采用热胶法（加热硫化法），热胶法应符合下列要求：

①胶浆应用优质汽油（120 号航空汽油）浸泡胎面胶制成，使用时应调均匀，不得有生胶存在。

②涂胶宜分为两次，第一次应涂刷浓度较小的胶浆，第二次涂胶必须在第一次涂刷的胶浆汽油味已消失和不黏手时再进行；涂刷胶浆时应及时排除胶面上出现的气泡或离层，涂胶总厚度应使加压硫化后的胶层厚度与原胶带厚度相同。

③开始加热时胶带接头应有 0.5 MPa 的夹紧力；温升时间根据胶带层数宜在 60~90 min。

④加热温度达到 80℃时，接头必须达到 1.5~2.5 MPa 的夹紧力。硫化温度应在 144.7℃ ±2℃，硫化时间应符合规范规定。

⑤硫化完成后，温度降到 75℃以下时可拆除硫化器。

（6）驱动装置安装。

机头有 2 个驱动，机尾有 1 个驱动。安装前需明确电机是否可以双向运转，减速机是否带有逆止器，联轴器必须成套安装。一轴双驱，需抄平两个驱动底座的标高；找平找正打双表进行，偏差必须控制在标准范围之内，反复调整完成任务。

（7）管带机试运。

在试运过程中，仔细观察设备各部分的运转情况，发现问题及时调整。设备通过空载试运并进行必要的调整后进行负载试运。加载运行时，加载量应从小到大逐渐增加，先按 20% 额定负荷加载，通过后再依次按 50%、80%、100% 额定负荷进行试运，在各种负荷下试运的连续运行时间不得少于 2 h。

3. 质量验收

输储煤设备安装应分阶段由承包单位、监理单位、建设单位进行质量验收，其施工质量验收应具备下列签证和记录：

  （1）设备开箱检查记录及设备技术文件、设备出厂合格证书及检测报告等；

  （2）翻车机、斗轮机高强螺栓抽样复检；

  （3）翻车机、斗轮机高强螺栓终拧扭矩检查；

  （4）润滑油（脂）牌号及化验报告；

  （5）隐蔽工程签证；

  （6）皮带输送机设备质量验收及安装记录；

  （7）胶接头拉力试验合格报告及胶带胶接记录；

  （8）翻车机设备质量验收及安装记录；

  （9）斗轮机设备质量验收及安装记录；

  （10）碎煤机质量验收及安装记录；

  （11）斗轮机、翻车机高强螺栓抽样复检报告和紧固记录；

  （12）分部试运记录及签证。

第五节　汽轮发电机组安装

一、概述

  汽轮发电机组的安装监理，应重点抓住一"洁"、二"面"、三"基准"、四"间隙"。

  一"洁"：指保证油系统汽缸、定子、管路内部的清洁度。

  二"面"：一个指滑动面，如汽缸与台板之间、轴承箱与台板之间的滑动面，轴承与轴承座之间的结合面，推力瓦块与瓦套及推力盘之间的接触面等，保证其运行过程滑动自如。另一个指结合面，如汽缸中分面，轴承及轴承箱中分面，密封瓦及瓦套中分面，发电机端盖与端罩结合面，油系统法兰密封面及主油泵中分面等，保证机组不漏汽、水、油、风。

  三"基准"：指基础基准、轴系中心基准、轴系扬度基准。

  四"间隙"：指膨胀间隙、通流间隙、油隙、滑销间隙。

  把控好土建基础交安、汽轮机安装开工条件确认，安装单位应参与相应检查确认，这对工程质量后期控制至关重要。

  主机和辅机制造、供应往往有许多配套厂家，进场汽轮发电机组配套零部件的光谱和硬度检查曾发现有不合格材料，监理人员要高度重视，把好材料设备进场质量关。

二、主要控制方法

1. 施工文件审核
(1) 施工组织设计；
(2) 汽轮发电机组安装施工方案；
(3) 汽轮发电机组吊装方案；
(4) 汽轮发电机组热力管线施工、吹扫方案；
(5) 汽轮发电机组油系统管线安装施工、循环冲洗方案；
(6) 汽轮发电机组试车方案。

2. 现场见证或旁站点
(1) 汽轮发电机组基础检查与几何尺寸核准；
(2) 轴承座与台板间隙检查；
(3) 推力轴承间隙测量、调整；
(4) 汽缸内清理；
(5) 汽缸结合面间隙检查；
(6) 汽轮机转子扬度检查及滑销系统检查；
(7) 轴瓦检查；
(8) 推力轴承安装处理检查；
(9) 喷嘴室清理检查封闭；
(10) 低压汽缸与凝汽器焊接；
(11) 联轴器中心复查，绞孔连接后晃动度检查；
(12) 通流部分间隙及轴封间隙测量调整；
(13) 联轴器对中检测；
(14) 汽轮机扣大盖前检查；
(15) 润滑油系统循环冲洗；
(16) 凝汽器管束安装；
(17) 与汽缸连接及严密性试验。

3. 停工待检点
由承包单位提前以书面形式向工程质量监督组、监理项目部递交验收申请，按约定时间验收签证，方可进行下道工序施工。
(1) 汽缸通流部分及间隙测量调整；
(2) 汽缸合缸间隙测量调整；
(3) 汽缸扣大盖；
(4) 基础二次灌浆前检查；
(5) 油系统油循环冲洗检查。

三、汽轮发电机组安装质量控制点设置

A1 级质量控制点：监理机构主持，建设单位、质监组（限停监点）、承包单位（含施工单位）代表共同检查确认的质量控制点。

A2 级质量控制点：监理机构主持，建设单位、承包单位（含施工单位）代表共同检查确认（必要时邀请质监组代表参加）的质量控制点。

B 级质量控制点：是基本质量控制点，由监理机构和承包单位共同检查确认的质量控制点。

C 级质量控制点：是一般质量控制点，由承包单位按"三检制"要求自行检查确认的质量控制点。

以空冷发电机为例，质量控制点设置及控制见表 5–1 至表 5–9。

表 5–1　　　　　　　　　汽轮发电机组安装质量控制点——技术准备

序号	检查内容	有关要求	控制方法或依据	等级	检查单位
1	技术文件	（1）设备订货合同、技术协议及制造厂的正式图纸、质保资料、合格证、说明书、材质检验报告、动静平衡试验报告、总装图、特性曲线、装箱单等技术文件，资料完整、真实，并经过现场核查。 （2）基础图、基础平面布置图、安装图、系统图、工艺图等设计文件经过审查和审批。 （3）施工及验收规范、技术规程、标准、施工组织设计/方案、施工记录表格等经过监理机构确认	订货合同技术协议 DL 5190.3 SH/T 3903 DL/T 5210.3	A1	建设单位 EPC 总承包 施工单位 设计单位 监理单位
2	技术交底	（1）召开图纸会审及设计交底会议，形成会议纪要。 （2）制造商按合同要求进行现场技术服务，包括技术文件的交底、澄清，参与现场施工技术把关、验收等	会议纪要 函件 合同	A2	监理单位 建设单位 EPC 总承包
		（3）承包商对参与施工的班组、班组对成员进行书面技术交底	施工组织设计/方案等	B	EPC 总承包 监理单位

表 5-2　　　　　　　　　　　　　汽轮发电机组安装质量控制点——设备基础

序号	检查内容	有关要求	控制方法或依据	等级	检查单位
1	基础施工	（1）基础施工前，应会审土建图与安装图的一致性。与设备实际尺寸核对，以确保预留孔洞、预埋件、安装标高、中心线、地脚螺栓孔位置等重要支模尺寸无误。 （2）对于需预埋地脚螺栓、锚固板及阀座结构件的主机基础，应预制定位金属框架，并对过程偏差复测把关。 （3）设备安装单位及安装监理单位应参加基座浇灌前的中间验收工作	DL 5190.3 DL/T 5210.3	B	EPC 总承包 施工单位 监理单位
2	基础验收交安	（1）发电机纵、横中心线，基础标高及预埋地脚螺栓或预留孔洞与设计偏差均不得大于2 mm。基础表面应平整，无裂纹、孔洞、蜂窝、麻面、露筋等缺陷。发电机风室和风道表面应平整、牢固、无脱皮、掉粉。 （2）基础及地脚螺栓相关尺寸复核，基础中间交接应按 SH/T 3510 执行。 （3）有关基础验收、基准、沉降观测等技术文件齐全。 （4）安装前基础混凝土达到设计强度的 70%以上（或设计规定）。 （5）行车具备使用条件，厂房装机部分应封闭，遮风避雨。 （6）土方回填平整，各层平台洞口的爬梯护栏等劳动保护就位	执行施工组织设计、施工方案审批程序并督促按其实施	A2	监理单位 建设单位 EPC 总承包

表 5-3　　　　　　　　　　　　汽轮发电机组安装质量控制点——设备开箱检验及保管

序号	检查内容	有关要求	控制方法或依据	等级	检查单位
1	清点检查	（1）设备进场、装卸、搬运和开箱方案报审，避免设备变形、腐蚀、损伤和丢失。 （2）物供单位组织有关单位和部门进行开箱清点检查，查验设备的规格、数量和外观完好情况，并填写开箱检查记录。 （3）随机资料齐全，符合订货合同要求，与实物相符。由物供部门按程序登记，印发至相关单位。 （4）随机供货的备品、备件应清点、登记造册，按章保管和领用、移交	DL/T 5210.3 DL 5190.3 SH/T 3903 SH/T 3503	A1	物供部门 制造厂 建设单位 EPC 总承包 施工单位 监理单位
2	保管	（1）设备和器材应分区、分类存放，标志清晰，并符合规范和物资管理规章制度要求。 （2）充氮保护的设备，应定期检查氮气压力及设备密封情况，必要时补充氮气	DL/T 5210.3 DL 5190.3	C	EPC 总承包 施工单位 监理单位

续表

序号	检查内容	有关要求	控制方法或依据	等级	检查单位
3	复验	（1）高温坚固件、合金钢或特殊材料零部件在施工前按规范规定的范围和比例进行光谱、无损探伤、金相、硬度等检验，并与制造厂图纸和相关标准相符。 （2）对材料质量有质疑的应进行复验。 （3）安装前设备质量缺陷或不符合项的处理，按有关程序规定执行并予以记录	复验方案 检测报告 DL/T 438 DL/T 439	B A1	建设单位 EPC 总承包 施工单位 监理单位

表 5-4 汽轮发电机组安装质量控制点——设备及系统

序号	检查内容	有关要求	控制方法或依据	等级	检查单位
1	基本规定	（1）提前与建筑承包单位排好配合进度，并提出技术要求。 （2）按设备订货合同、技术协议的要求及制造厂图纸规定执行，施工前进行技术交底。 （3）安装场地、环境符合规范要求。 （4）设备安装过程不得破坏建筑结构。 （5）除制造厂明确规定不得解体并经施工、建设单位协商同意者外，一般应在施工中对设备做必要检查、测量和调整	订货合同 技术协议 图纸等随机资料 DL 5190.3 DL/T 5210.3	A2	监理单位 建设单位 EPC 总承包

表 5-5 汽轮发电机组安装质量控制点——汽轮机本体

序号	检查内容	有关要求	控制方法或依据	等级	检查单位
1	一般规定	（1）汽轮机本体的安装程序，应严格遵照制造厂的要求，不得因设备供应、图纸交付、现场条件等原因更改安装程序。 （2）汽缸、转子等特殊设备的运输、起吊使用制造厂提供的专用工具或现场按制造厂提供的技术文件和相关安全规定制作。 （3）汽轮机安装的全过程及汽轮机扣盖后，所有设备及系统的连接不得对汽缸产生附加应力	DL/T 5210.3 DL 5190.3	B	EPC 总承包 监理单位
2	台板与垫铁	（1）前后座架和后导板支持面研刮	DL/T 5210.3 DL 5190.3	B	EPC 总承包 监理单位
		（2）垫铁的形式、材质、加工质量、布置符合规范要求，正式扣盖前两侧面点焊，隐蔽前报验	垫铁布置记录图，隐蔽报验	B	EPC 总承包 监理单位
		（3）台板与轴承座、滑块、汽缸间的接触面应严密，台板与垫铁以及各层垫铁之间的接触面均应接触密实。台板的安装标高与中心位置偏差符合要求	图纸 DL/T 5210.3 DL 5190.3	A2	监理单位 建设单位 EPC 总承包

序号	检查内容	有关要求	控制方法或依据	等级	检查单位
2	台板与垫铁	（4）地脚螺栓的形式、材质、布置及安装质量，隐蔽前报验。地脚螺栓应在汽缸最终定位后正式紧固，且不得使汽缸的负荷分配值和中心位置发生变化	DL 5190.3 DL/T 5210.3	B	EPC 总承包 监理单位
3	滑销系统间隙测调	（1）对滑销、销槽纵横向定位锚固板应检查其尺寸，确认与设备能互相配合，各滑动配合面应无损伤和毛刺，必要时应进行修刮。 （2）测量滑销与销槽的配合间隙，应符合制造厂图纸的规定。 （3）将滑销进行试装，应滑动自如。猫爪横销的承力面和滑动面用涂色法检查，应接触良好	各部滑销间隙记录 猫爪垫块厚度记录 DL/T 5210.3 DL 5190.3	A2	监理单位 建设单位 EPC 总承包
4	汽轮机轴承座检查	（1）轴承座滑动面上的油脂孔道应清洁畅通。轴承座在膨胀范围内油道不应与台板地脚孔重叠。对于滑块结构，应按制造厂规定在研刮后取下滑块螺钉。 （2）轴承座油室应做灌油试验，灌油经 24 h 应无渗漏	DL/T 5210.3 DL 5190.3	B	EPC 总承包 监理单位
5	汽缸和轴承座安装	（1）汽缸就位前，与基础间的管道部件等应预先安装。底部装有油管的轴承座，就位前应对其管道焊缝进行无损检验。轴承座就位后，各油管垂直段与套管的间隙应满足机组膨胀。 （2）轴承座、汽缸就位找平找正，横向水平允许偏差为 0.20 mm/m，纵向以转子扬度为准。 （3）汽缸结合面符合相关标准要求。 （4）汽缸和轴承座的安装应使其中分面的标高符合设计要求，偏差应不大于 5 mm，台板底面与基础混凝土表面的距离应为 50~80 mm。 （5）汽缸、轴承座与台板的相对位置应满足机组运行时热膨胀的要求，各滑动面上应涂擦耐高温的粉剂涂料，或按制造厂的规定处理。 （6）汽缸和轴承座安装定位后，应点焊基础垫铁结合面两侧，并紧固地脚螺栓	汽缸及轴承座水平扬度记录 图纸 DL/T 5210.3 DL 5190.3	A1	建设单位 EPC 总承包 施工单位 监理单位
6	轴承和油挡	（1）支持轴承、推力轴承安装前按规范进行各项检查，符合要求。 （2）轴瓦安装应符合相应规定，轴承间隙、接触角、接触面等符合规范要求。当接触不良或轴瓦间隙不符合图纸要求时，应由制造厂处理。轴瓦紧力应符合制造厂要求。 （3）轴承间隙调整：轴向间隙、两侧间隙、顶间隙、轴瓦紧力、轴承乌窝接融点。 （4）轴承安装完毕后，应具备下列安装技术记录： 轴瓦间隙记录； 轴瓦紧力记录； 轴瓦垫块的垫片记录； 推力瓦块厚度记录；	DL/T 5210.3 DL 5190.3	A2	监理单位 建设单位 EPC 总承包

序号	检查内容	有关要求	控制方法或依据	等级	检查单位
6	轴承和油挡	推力轴承定位环厚度记录； 推力瓦间隙记录； 油挡间隙记录； 轴瓦进油节流孔直径记录； 轴瓦顶轴油孔的油囊尺寸记录。 （5）油挡板安装应符合规定，用塞尺检查轴瓦和轴承座上的油挡间隙，应符合制造厂要求	DL/T 5210.3 DL 5190.3	A2	监理单位 建设单位 EPC总承包
7	下汽缸连通汽管安装	（1）连通管道内部清理。 （2）法兰面清理。 （3）疏水管畅通	DL/T 5210.3 DL 5190.3	B	EPC总承包 监理单位
8	前后汽封和隔板汽封洼窝找中	缸内找中心，应在厂家指定的洼窝位置测量，以汽缸前、后汽封或油挡洼窝为准，各次测量在同一位置	DL/T 5210.3 DL 5190.3	B	EPC总承包 监理单位
9	试装上汽缸和检查中分面	（1）汽缸正式组合前，必须进行无涂料试装，各结合面严密程度应符合要求。 （2）汽缸的密封涂料，如制造厂无明确规定，应按其工作压力和温度正确选用	DL/T 5210.3 DL 5190.3	A2	监理单位 建设单位 EPC总承包
10	汽轮机转子吊装和调整扬度	（1）汽轮机转子的起吊方式、安装前检查应符合规范要求。 （2）汽轮机转子的轴颈扬度应按制造厂的要求确定，一般以单缸汽轮机转子或双缸低压转子的后轴颈扬度为零，或微向发电机侧扬起。 （3）汽轮机转子安装应产生以下记录： 轴颈的椭圆度及不柱度记录； 轴的弯曲记录； 推力盘端面瓢偏记录； 汽轮机转子在汽封或油挡洼窝内的中心记录； 汽轮机转子轴颈扬度记录； 汽轮机各转子联轴器找中心记录； 刚性或半挠性联轴器端面瓢偏记录； 蛇形弹簧式联轴器各部件组合间隙记录； 联轴器及接长轴联轴器连接前和正式连接前后的径向晃度记录； 松配合的联轴器螺栓紧固伸长量记录及两联轴器间垫片厚度记录	DL/T 5210.3 DL 5190.3 SH/T 3536	A1	建设单位 EPC总承包 施工单位 监理单位
11	转子在气缸内找中心	（1）转子在汽缸内找中心应在制造厂指定的洼窝位置测量、调整，各次测量应在同一位置。 （2）调整悬挂销下部垫片厚度，使隔板、汽封套中心符合要求。 （3）隔板找中心工具的定位洼窝应与转子在汽缸的定位洼窝相同，工具与转子对洼窝的中心位置偏差应不大于0.05 mm，其垂弧差大于0.10 mm时，应进行校正。 （4）转子在汽缸内找中心完成后，机组各有关部件应达到下列要求：	符合制造厂要求 DL/T 5210.3 DL 5190.3	A2	监理单位 建设单位 EPC总承包

序号	检查内容	有关要求	控制方法 或依据	等级	检查单位
11	转子在气缸内找中心	转子的中心位置和轴颈的扬度应符合找正要求，前后洼窝中心应经核对，做出记录，并注明测量位置； 汽缸的负荷分配应符合要求，其数值及汽缸水平扬度都应做出记录； 下轴瓦乌金接触面、轴瓦垫块与洼窝接触情况和球面接触情况等均应符合有关规定； 台板与轴承座、台板与汽缸、猫爪与其承力面等处的接触面，均应符合有关规定； 滑销调整好并固定； 转子在轴瓦洼窝和油挡洼窝处的中心位置，应满足在扣好汽缸上盖后仍能顺利取出轴瓦及油挡板的要求； 对于与转子相连接的主油泵等装置，应相应地找好中心	符合制造厂要求 DL/T 5210.3 DL 5190.3	A2	监理单位 建设单位 EPC 总承包
12	调整通流和汽封间隙	（1）喷嘴检查与安装、隔板和隔板套安装及间隙调整完毕后提交验收时，应具备下列安装技术记录： 隔板找中心记录； 汽封间隙记录； 通流部分间隙记录； 喷嘴膨胀间隙及紧固喷嘴螺栓的伸长量记录（厂家有要求时）； 转子轴向窜动量和转子轴向位置记录； 在汽缸外部测取汽缸与转子特定位置的相对距离（LA）值记录	符合制造厂要求 DL/T 5210.3 DL 5190.3	A2	监理单位 建设单位 EPC 总承包
13	盘车装置和减速器	（1）齿轮减速器或涡轮组的齿轮箱检查、安装应符合规定。润滑装置各油路和油孔应清洁、畅通，齿侧间隙应符合要求。涂色检查齿牙啮合接触印迹、涡轮组齿轮的接触情况应符合规范要求。 （2）减速器和涡轮组轴承的检查和安装、调整和修刮应符合规定。 （3）盘车装置的安装位置应满足转子冷、热态状况下的正常运行要求，手动操作应灵活。汽轮机转子冲动后，盘车装置能与汽轮机转子自动脱开，脱开后操作杆应能自锁	DL/T 5210.3 DL 5190.3	B	EPC 总承包 施工单位 监理单位
14	汽轮机试扣大盖	（1）汽轮机正式扣大盖前，应将内部零件全部装齐后进行试扣，以便对汽缸内部进行全面检查。 （2）汽缸水平扬度记录应以试扣大盖后的测量值为准，测量位置应符合规定，并应刻出位置印记	DL/T 5210.3 DL 5190.3	A2 B	建设单位 EPC 总承包 监理单位

序号	检查内容	有关要求	控制方法或依据	等级	检查单位
15	汽轮机扣大盖及后续安装	（1）扣大盖条件确认：完成规范强制性条文规定的相关工作并符合要求，具备规定的安装记录并办理扣大盖隐蔽报验。 （2）汽轮机扣大盖按经报批的程序、方案或制造厂的规定进行。扣大盖工作从内缸吊装第一个部件开始至上缸就位，全部工作应连续进行，不得中断。双层结构的汽缸应进行到外上缸扣大盖为止。扣大盖完毕后，再次盘动转子进行听音检查，确认无异常	汽轮机扣大盖检查签证书 DL/T 5210.3 DL 5190.3 SH/T 3536	A1	建设单位 EPC 总承包 施工单位 监理单位
16	紧汽缸中分面螺栓	（1）汽缸水平结合面螺栓的冷紧和热紧应遵守相关规定。热紧螺栓应按冷紧时相同的顺序进行，加热后热紧工作一次完成。 （2）汽缸水平结合面螺栓热紧完毕后，应检查台板、猫爪等部位的连接螺栓的垫圈，用手推动应能滑动自如	DL/T 5210.3 DL 5190.3	B	EPC 总承包 监理单位
17	汽缸排汽管与凝汽器连接	（1）冷却水管表面检查。 （2）冷却水管及钛管工艺性能试验。 （3）管板、管孔位置、数量及冷却管间隙确认	DL/T 5210.3 DL 5190.3 SH/T 3536 GB 50236	B	EPC 总承包 监理单位

表 5-6   汽轮发电机组安装质量控制点——发电机和励磁装置

序号	检查内容	有关要求	控制方法或依据	等级	检查单位
1	发电机基础台板安装	（1）台板就位：垫铁与基础及台板之间应接触密实，四角无翘动，台板标高根据汽轮发电机中心线标高及发电机几何尺寸确定。 （2）台板与机座之间放置 3 mm 调整垫片，便于找中心及检修时用。 （3）安装地脚螺栓，若螺母为沉孔式，应将台板沉孔中的螺母与螺杆搭焊牢固。 （4）发电机台板采用无垫铁安装时，利用发电机机座及励磁装置台板上的起重螺栓及临时千斤顶进行调整并符合规定	DL/T 5210.3 DL 5190.3	B	EPC 总承包 监理单位
2	轴承座及轴承安装	（1）发电机和励磁装置的支持轴承及轴承座的检查与安装应符合规范要求。轴承座的纵向扬度应接近轴颈的扬度，横向水平允许偏差为 0.20 mm/m 。 （2）落地轴承座应有绝缘垫板，油管等连接后，轴承座对地绝缘电阻值应符合规定。 （3）落地轴承座与台板之间应垫有总厚度大于 5 mm 的整张钢质调整垫片。 （4）轴承结合面应符合相关标准要求。端盖式轴承的绝缘处理应符合规范要求	DL/T 5210.3 DL 5190.3	B	EPC 总承包 监理单位

序号	检查内容	有关要求	控制方法或依据	等级	检查单位
3	发电机定子就位	（1）发电机定子安装前，应按规范进行各项检查和电气专业试验。 （2）发电机定子起吊前，必须有经过批准的技术方案和安全措施，与起吊有关的建筑结构、起重机械、辅助起吊设施等强度必须经过核算，并应做性能试验，以满足起吊要求。混凝土基础的风道和金属风道应按规定清理干净。金属风道应在定子就位前吊入基础框架内。 （3）发电机定子落放在台板上后，应复测发电机与汽轮机转子的联轴器中心，进行最后找正	DL/T 5210.3 DL 5190.3	A1	建设单位 EPC 总承包 施工单位 监理单位
4	发电机穿转子	（1）发电机转子安装前，有关措施应经批准，应按规范进行检查，各项电气试验应合格。 （2）发电机穿转子工作应在完成机务、电气、热工仪表的各项工作后，有关人员共同对定子和转子进行最后检查确认并经签证后方可进行。 （3）应按制造厂推荐的方法和提供的专用工具穿转子	DL/T 5210.3 DL 5190.3 SH/T 3536	A1	建设单位 EPC 总承包 施工单位 监理单位
5	调整定子位置	（1）发电机定子与转子磁力中心的调整，应保证在满负荷状态下两者吻合，偏差值不大于 0.5 mm。 （2）发电机定子与转子空气间隙沿圆周方向应均匀一致，符合制造厂的要求。 （3）轴流式风扇叶片的检查与安装应符合规范要求。 （4）发电机轴瓦与轴肩、风扇与风挡等的轴向间隙值，应符合制造厂技术文件的要求，保证在满负荷条件下转子热胀时留有间隙	符合制造厂要求 DL/T 5210.3 DL 5190.3	B	EPC 总承包 监理单位
6	发电机端盖封闭	（1）端盖封闭前必须检查发电机定子，内部应清洁、无杂物，各部件完好。各配合间隙应符合制造厂技术文件的要求。电气和热工的检查试验项目已完成并办理检查签证	符合制造厂要求 DL/T 5210.3 DL 5190.3	B	EPC 承包商 监理单位
7	汽轮机与发电机联轴器对中	（1）汽轮机与发电机联轴器对中应符合制造厂的要求，并在凝汽器与汽缸连接、基础二次浇灌、汽缸扣大盖后进行中心复查。 （2）联轴器铰孔、配螺栓及螺栓紧力等均应符合制造厂的要求	符合制造厂要求 DL/T 5210.3 DL 5190.3	A2	监理单位 建设单位 EPC 总承包
8	机组二次灌浆	（1）二次灌浆条件确认。土建和安装工作应全面检查，汽轮机安装施工人员应配合进行。 （2）基础二次浇灌混凝土和养护工作，应符合有关规定。 （3）二次浇灌混凝土应严格控制施工工艺，在养护期满拆模后，外形和质量应符合设计要求，并由有关人员共同检查签证	DL 5190.1 二次浇灌混凝土检查签证及试块强度试验报告	B	EPC 总承包 监理单位

表 5-7 　　　　　　汽轮发电机组安装质量控制点——调节保安装置和油系统

序号	检查内容	有关要求	控制方法或依据	等级	检查单位
1	一般规定	（1）除制造厂要求不得解体的设备外，油系统设备应解体复查其清洁程度，对不清洁部套应彻底清理。 （2）调节保安装置及油系统各部件解体、检查、组装应符合规范要求。 （3）需隔绝轴电流的各部位与油管连接时，应加装绝缘件。 （4）油管道阀门的检查与安装应符合规范强制性条文规定。 （5）电液调节保安装置、液压调节保安装置、调节油系统、气门及其传动机构安装等调试应符合规范要求	符合制造厂要求 DL/T 5210.3 DL 5190.3	A2	监理单位 建设单位 EPC 总承包
2	润滑油系统安装	（1）油箱内部应彻底清理干净，油位计浮筒应浸油检查不漏。油箱的事故排油管应接至事故排油坑，系统注油前应安装完毕并确认畅通。 （2）冷油器的水侧、油侧、铜管及管板等应清理干净，不得留有铸砂、焊渣、油漆膜、锈污等杂物，油侧隔板位置应正确，固定牢固，不得松旷。管束隔板与壳体直径间隙应符合规范要求。油侧应进行设计压力 1.25 倍的严密性试验，保持 5 min 无渗漏。 （3）油系统管道施工应符合规范要求。DN50 及以下油管应采用氩弧焊焊接，所有油管道应采用氩弧焊打底。工厂化预制组装的套装油管，安装前应复查组件内部的清洁程度，确保内部清洁，并检查套管内支架，管卡应固定牢固。 （4）油泵检查和安装应符合规范要求，还应保证轴密封的严密性。 （5）滤油器内部无短路现象，滤网保护板完好，孔眼应无毛刺和堵塞	符合制造厂要求 DL/T 5210.3 DL 5190.3 DL/T 5210.5 DL 5190.5	A2	监理单位 建设单位 EPC 总承包
3	质量验收	（1）汽轮机调节保安装置和油系统安装施工记录、隐蔽记录完整，质量验收时，应提交下列检验检测报告： 汽门合金钢零部件光谱分析报告及汽室螺栓硬度报告； 抗燃油系统冲洗后油质化验报告； 润滑油和密封油系统冲洗后油质化验报告	符合制造厂要求 DL/T 5210.3 DL 5190.3	A1	建设单位 EPC 总承包 施工单位 监理单位

表 5-8 　　　　　　汽轮发电机组安装质量控制点——辅助设备

序号	检查内容	有关要求	控制方法或依据	等级	检查单位
1	凝汽器	（1）凝汽器就位初调：混凝土表面检查，控制横向中心线偏差、基础承力面偏差、中心，标高偏差在允许范围内	DL/T 5210.3 DL 5190.3	B	EPC 总承包 监理单位

续表

序号	检查内容	有关要求	控制方法或依据	等级	检查单位
1	凝汽器	(2) 凝汽器壳体现场组装应按规定进行。管板、隔板垂直度、管板标高、板间距离等允许偏差应符合要求。组合后的壳体焊缝应做渗油试验,确认无渗漏。壳体组装后,在穿冷却管前应检查确认。 (3) 凝汽器冷却管穿胀前应进行检查并符合规定。穿冷却管时,管板和各道隔板处应有专人监护,防止冷却管与各隔板及管板冲撞。正式胀接前应进行试胀,并应无欠胀或过胀现象。 (4) 凝汽器组装完毕后,汽侧应进行灌水试验	DL/T 5210.3 DL 5190.3	B	EPC 总承包 监理单位
2	空气冷却器安装	(1) 空气冷却器本体经过试压,符合验收要求。 (2) 冷却器的纵横中心线和标高应与设计相符	DL/T 5210.3 DL 5190.3	B	EPC 总承包 监理单位

表 5-9　　　　　　　汽轮发电机组安装质量控制点——汽轮发电机组的调整、启动、试运

序号	检查内容	有关要求	控制方法或依据	等级	检查单位
1	启动试运条件	(1) 联合检查确认汽轮发电机及其附属机械、辅助设备试运现场应具备的条件。 (2) 汽轮发电机组的分部试运、整套启动的调试措施方案已编制完成并经批准。验收、移交组织机构已成立	符合制造厂要求 DL/T 5210.3 DL 5190.3	A2	建设单位 EPC 总承包 施工单位 监理单位
2	油循环和油系统分部试运	(1) 包括润滑、调节和密封油系统及净化装置试运调整。 (2) 油循环冲洗前条件确认、充油、循环冲洗程序等应符合规范要求。循环始终通过滤油机过滤,冲洗油温冷热交替变化,高温为75℃左右,低温为30℃以下,高、低温各保持1～2 h。油箱内滤网定期清洗。 (3) 从油箱和冷油器放油点取油样化验,达到油质透明、含水量化验合格、油样颗粒度符合标准要求。 (4) 油系统试运和油循环完毕后,应具备汽轮机油化验记录和辅助油泵试运记录	符合制造厂要求 DL/T 5210.3 DL 5190.3	A1	建设单位 EPC 总承包 施工单位 监理单位
3	附属机械分部试运	(1) 试运前应具备: 电动机经过单独空负荷试运合格; 自动联锁保护装置模拟试验动作灵敏、准确; 水泵入口加装足够通流面积的临时滤网; 变频装置调试合格; 汽轮机进气管道、凝结水系统经吹洗合格; 真空系统经严密性检查合格; 油系统循环冲洗合格; (2) 给水泵、循环水泵、凝结水泵、深井泵等试运4～8 h,性能指标符合规范要求	符合制造厂要求 DL/T 5210.3 DL 5190.3	A1	建设单位 EPC 总承包 施工单位 监理单位

续表

序号	检查内容	有关要求	控制方法或依据	等级	检查单位
4	辅助设备分部试运	（1）除氧器、减温减压辅助蒸汽站、热交换器、真空系统等试运符合规范要求	符合制造厂要求 DL/T 5210.3 DL 5190.3	A1	建设单位 EPC 总承包 施工单位 监理单位
5	整套启动试运条件	汽轮发电机组整套启动前应完成的分部试运工作如下： （1）汽、水管道吹扫和冲洗； （2）化学水系统冲洗、充填药剂和调整试运，足量提供水质合格的水； （3）真空系统严密性试验； （4）除氧器、热交换器、蒸发器、减压装置等检查调整； （5）各附属机械分部试运调整； （6）油系统已循环验收合格； （7）调节、保安系统静态整定和试验； （8）顶轴油泵和盘车装置试验，校对大轴晃度指示表； （9）抽汽止回阀与传动装置调整试验，确认动作可靠； （10）汽封系统调整试运； （11）配合热工、电气进行保护、联锁、远方操作装置和电动/气动/液动阀调整试验，记录好开、闭、富余行程及开闭时间，投运正常； （12）中间再热机组启动旁路系统调整试验； （13）抽真空试验； （14）发电机冷却系统的冲洗与调整	符合制造厂要求 DL/T 5210.3 DL 5190.3	A1	建设单位 EPC 总承包 施工单位 监理单位
6	整套试运	（1）整套启动试运应进行下列各项工作： 汽轮机冲转至额定转速后，复核调整各部分油压； 各项自动保护装置的试验与调整； 调节系统空负荷试验与调整； 发电机并列前电气试验； 带负荷运行； 校对各安全门； 投入回热设备和供热抽汽设备； 调节系统带负荷试验； 真空系统严密性试验； 空冷岛热态冲洗； 与热控专业、锅炉专业配合进行辅机故障减负荷试验； 168h 额定负荷运行； 相关涉网试验。 （2）汽轮发电机组经过空负荷、负荷整套试运后应符合设计要求和合同、规范等技术文件的规定，试运记录和签证文件完整	DL/T 5210.3 DL 5190.3	A1	建设单位 EPC 总承包 施工单位 监理单位

序号	检查内容	有关要求	控制方法或依据	等级	检查单位
7	交工验收	（1）汽轮发电机组的分部试运、整套启动、验收、移交按 DL/T 5437《火力发电建设工程启动试运及验收规程》执行： 经过空负荷与满负荷整套试运合格； 有完整的施工技术文件和调整、启动、试运记录。 （2）管道的冲洗与吹扫和空冷岛热态冲洗签证	DL/T 5437 DL 5190.3 DL/T 5210.3 SH/T 3903 SH/T 3503 等	A1	建设单位 EPC 总承包 施工单位 监理单位

第六节　工艺管道安装

热电联产（发电厂）工艺管道安装应执行 DL/T 5190.5《电力建设施工技术规范　第 5 部分：管道及系统》和 DL/T 1113《火力发电厂管道支吊架验收规程》等。汽轮机本体范围内管道应符合 DL 5190.3《电力建设施工技术规范　第 3 部分：汽轮发电机组》相应要求。锅炉附属管道、燃油系统管道应符合 DL 5190.2《电力建设施工技术规范　第 2 部分：锅炉机组》相应要求，同时要特别关注国家市场监督管理总局对锅炉范围内管道的新要求，就高不就低。电力行业规范未规定的，按 GB 50235《工业金属管道工程施工规范》和 GB 50184《工业金属管道工程施工质量验收规范》等通用规范执行。

管道按设计压力 p 分为：高压管道（$p \geqslant 10$ MPa）、中压管道（10 MPa $> p >$ 1.0 MPa）、低压管道（$p \leqslant 1.0$ MPa）。注意管道术语国标与电力行业标准的区别：国标将管道系统划分为管道组成件（形成管道密闭系统的管子、管件、阀门、补偿器、法兰、垫片及紧固件）和支撑件（管托、支吊架）；电力行业标准将管道系统划分为管道、管件、阀门、补偿器、管道附件（支吊架、紧固件、加固件及垫圈）。

一、管道安装

1.检查方法
核查质量证明文件以及与实物标志的符合性　　　　　　　　（报审）
目视检查　　　　　　　　　　　　　　　　　　　　　　　（外观检查）
测量检查　　　　　　　　　　　　　　　　　　　　　　　（平行检验）
核查（验证性试验）检验报告　　　　　　　　　　　　　　（报审）

2. 管道组成件验收

（1）质量证明文件核查

管道组成件应有质量证明书。质量证明书上应有产品标准、设计文件和订货合同中规定的各项内容和检验、试验结果。验收时应对质量证明书进行审查，并与实物标志核对。无质量证明书或标志不符的产品不得验收。管子、管件、阀门等管道组成件质量证明书的具体内容按相应规范条款核查。如：高压管子、管件的质量证明书中应有表面无损检测结果；工作压力 ≥ 5.88 MPa 或工作温度 ≥ 400 ℃ 的管子应有力学性能试验结果，其合金钢管、管件应有金相分析结果；设计压力 > 0.1 MPa 的有缝管、管件，制造厂应提供焊缝检验报告等。

设计文件有耐晶间腐蚀要求的材料，产品质量证明书应注明按设计文件规定的试验方法进行晶间腐蚀试验的结果，否则应按 GB/T 4334《金属和合金的腐蚀不锈钢晶间腐蚀试验方法》有关规定进行补项试验。

若对产品质量证明书中的特性数据有异议，或产品不具备可追溯性，供货方应按相应标准做补充检查试验或追溯到产品制造单位。问题未解决前，该批产品不得验收。

（2）目视检查

管道组成件和支撑件在使用前应逐件进行外观检查，其表面质量应符合产品标准，不得有超标缺陷。金属波纹管膨胀节、弹簧支吊架等装运件或定位销块应齐全完整，并无松动现象。

管子和管件应有清晰的标志，其内容包括制造厂代号或商标、许可标志、材料（牌号、规格、炉批号）、产品编号等，并且应当符合安全技术规范及其相应标准的要求。从产品标志应能追溯到产品质量证明文件。中、低合金钢的高压管道应进行不少于 3 个断面的测厚检验。

阀门应有制造厂名称、阀门型号、公称压力、公称通径、许可标志和产品生产编号等标志。应按设计文件中的"阀门规格书"对阀门产品质量证明书中标明的阀体材料、特殊要求的填料及垫片进行核对。若不符合要求，该批阀门不得使用。

（3）测量检查

对管子和管件的壁厚、直径、圆度，补偿器等管道组成件几何尺寸进行平行检验抽样检查。

（4）验证性试验

验证性试验包括现场做的合金元素光谱分析、表明无损检测、硬度检验、单体试压。

凡按规定做抽样检查、检验的样品，若有一件不合格，应按原规定数的两倍抽检，若仍有不合格，则该批管道组成件和支撑件不得验收，或对该批产品进行逐件（100 %）验收检查。但规定做合金元素验证性检验的管道组成件，如第一次抽检不合格，则该批管道组成件不得验收。验收合格的管道组成件应做好标志。

①光谱检查（PMI）

合金钢管子、管件、阀门、管道附件（包括支吊架、紧固件）等在使用前应按规定逐件进行光谱复查，或使用其他方法对主要合金元素含量进行验证性检验，并做好记录和材质标志。

②表面无损检测（NDT）

设计压力 ≥ 10 MPa 的管子和管件，外表面应逐件进行表面无损检测（导磁材料MT、非导磁材料 PT），且不得有线性缺陷。

管子和管件经检测发现的超标缺陷允许修磨，修磨后的实际壁厚不得小于管子公称壁厚的 90 %，且不应小于相应产品标准规定的最小壁厚。

③硬度检测

设计压力 ≥ 10 MPa 管道用的铬钼合金钢螺柱和螺母应进行硬度检验，每批抽检不少于10 件，硬度值应在设计文件或产品标准规定的范围内。工作温度 > 400 ℃且规格 ≥ M32的合金钢螺栓应逐根编号并检查硬度。

金属环垫和透镜垫应逐件进行硬度检验。检验位置应避开密封面，检验结果应符合设计文件或产品标准的规定。

④试压

阀门应按规范对阀体（含阀门夹套）和密封面逐个进行压力试验，到制造厂逐件见证压力试验并有见证试验记录的阀门，可以免除压力试验。高压阀门及输送易燃、易爆、有毒、有害等特殊介质的阀门全部进行压力试验。中、低压阀门每批抽查 10 %且不少于 1 个，若有不合格则加倍抽查，若仍有不合格，则该批阀门不得使用。安全阀及大于等于 DN600 的大口径阀门，可采用渗油或渗水方法代替水压试验。100 % RT管道上的阀门试压监理人员应进行旁站。

安全阀冷态检定报告由制造厂提供，热态整定由有资质的检定单位进行，并提供有效的检定报告。

3. 管道支撑件到货验收

管道支撑件的材质、规格、型号、外观及几何尺寸应符合国家现行标准或设计文件规定。弹簧支吊架、低摩擦管架、阻尼装置及减振装置等产品应有质量证明书。质量证明书上应有产品标准、设计文件和订货合同中规定的各项内容和检验、试验结果。验收时应对质量证明书进行审查，并与实物标志核对。无质量证明书或标志不符的产品不得验收。

弹簧支吊架上应有铭牌和位移指示板。铭牌内容包括支吊架型号、荷载范围、安装荷载、工作荷载、弹簧刚度、位移量、管道编号、管架号、出厂编号及日期等。定位销或块应在设计冷态值位置上。

滑动或固定管托，若设计不出施工图，也未选用标准图，属厂方自行设计供货，则监理机构缺乏验收依据。厂方应提供合格证和制作图（应请设计确认），作为监理机构检查验收的依据。如果只凭合格证验收，那么质量隐患大。

恒力弹簧支吊架安装前应仔细核对铭牌，型号、荷载值、位移量、位移方向、管架号等应与施工图相符；外观质量良好，固定销轴完好。

可变弹簧支吊架检查出厂时，制造厂应根据设计提交的安装荷载，用上、下锁定块将弹簧锁定在相应位置上，并采取（绑扎）措施防止脱落。

4. 管道安装

（1）高压管道进行工厂化配置时，工厂化组合焊口数量不得低于管道焊口总数的50％，进场后应依据三维配管图按规范要求进行各项检验。

（2）管道的焊缝位置、坡口形式、组对尺寸、冷拉、坡度的施工及允许偏差等应符合规范要求，支吊架与管道同步安装。

（3）管道安装过程中，高压钢管、合金钢管在切断后应及时移植原有标志。在整个系统安装完毕后，应核对合金钢管光谱复查标志，无标志时应重新进行光谱检验。

（4）导汽管安装时，管内壁应露出金属光泽且确认内部无杂物。疏、防水管道接入其母管处宜按介质流动方向倾斜30°或45°。不同压力的疏水管接入同一母管内，应按压力等级由高到低、由外至内的顺序排列。疏、防水管道安装不应出现U形布置。

（5）采用金属环垫或透镜垫密封的法兰连接装配前，法兰环槽（或管端面）密封面与金属环垫或透镜垫应做接触线检查。当金属环垫或透镜垫在密封面上转动45°后，检查接触线不得有间断现象，否则应进行研磨修理。

（6）法兰连接螺柱应对称顺序拧紧。设计文件规定有预紧力或力矩的法兰连接螺柱应拧紧到预定值。使用测力扳手时应预先经过校验，允许偏差为±5％。合金钢螺栓不得用火焰加热进行热紧。

（7）与转动机器（以下简称"机器"）连接的管道应符合下列安装要求，监理工程师应进行平行检验。

①管道的重量和其他外力不得作用在机器上，管道及附件应不妨碍设备膨胀。

②管道的水平度或垂直度＜1 mm/m。气体压缩机入口管道因水平偏差造成的坡度，应坡向分液罐一侧。

③与机器连接的管道及其支吊架安装完毕后，应卸下接管上的法兰螺柱。在自由状态下，所有螺柱应能在螺栓孔中顺利通过。

④法兰密封面间的平行度及同心度，当设计文件或制造厂文件未规定时，应符合规范要求。

⑤汽轮发动机组配管符合相应规范要求。

（8）支吊架位置及形式符合设计文件的规定。管道安装完毕后，支吊架的形式和位置应按设计文件逐个核对。有热位移的管道上，支吊架的根部支吊点的偏移方向应与膨胀方向一致。管道补偿器两端均有固定管托，注意与固定架匹配。固定管托焊缝要满焊，角焊缝高度须满足要求。

（9）恒力弹簧支吊架安装应符合说明书要求。管道水压试验后取出固定销轴，若不能自由取出，说明实际荷载与标准荷载不符，应用松紧螺母（花篮螺母）先调整荷载，同一管线的支吊架应逐一调整，使其均能同时自由取出固定销轴。

（10）可变弹簧支吊架安装后，旋转松紧螺母，使指示板位于支吊架安装荷载相应刻度处，以保证定位块在（试压后）运行前取出。同一条管线支吊架应同时逐一调整。

（11）管道系统试运行时，高温管道的连接螺柱应按规定进行热态紧固或冷态紧固，在规定的温度、压力下紧 1~2 次。

二、锅炉范围内管道安装

针对热电联产锅炉以及企业自备电站锅炉范围内管道上接连发生的事故，国家市场监督管理总局下发了《开展电站锅炉范围内管道隐患专项排查整治的通知》（市监特函 [2018]515 号），要求电站锅炉范围内管道（包括锅炉主给水管道、主蒸汽管道、再热蒸汽管道等）应当按照《锅炉安全技术监察规程》（以下简称《锅规》）、《锅炉监督检验规则》（以下简称《监检规则》）、《锅炉定期检验规则》（以下简称《定检规则》）以及相关标准的规定进行设计、制造、安装、使用管理以及检验检测。

（1）电站锅炉范围内管道中使用的元件组合装置〔减温减压装置、流量计（壳体）、工厂化预制管段〕，要求按照锅炉部件实施制造过程监督检验，合格后出具监检报告和证书，未经具备锅炉或压力管道监检资质的检验机构监督检验合格的管道元件组合装置不得在电站锅炉范围内管道中使用。

（2）电站锅炉范围内管道中使用的压力管道元件（钢管、阀门、管件、补偿器、法兰和元件组合装置）制造还应当符合压力管道安全技术规范的要求。其中，元件组合装置可以由压力管道元件制造单位制造，也可以由相应级别的锅炉制造单位制造。制造和监检的重点技术要求如下：

①流量计（壳体）原则上应由整段无缝钢管制成，不得存在异种钢焊接的环缝。特殊情况需要使用两截管段用环缝焊接流量计（壳体）的，应经锅炉设计文件鉴定机构书面同意。

②应当对合金钢管、管件对接接头母材和焊缝进行 100 % 化学成分光谱分析。

③外径 > 159 mm 或者壁厚 ≥ 20 mm 的环向对接接头，应当进行 100 % 射线或 100 % 超声检测；外径 ≤ 159 mm 的环向对接接头，应当进行 50 % 射线或 50 % 超声检测（锅炉额定工作压力 ≥ 9.8 MPa 时，应当进行 100 % 射线或 100 % 超声检测）。

④外径 > 108 mm 的全焊透结构角接接头，应当进行 100 % 超声检测。其他管接头的角接接头按照不少于接头数的 20 % 进行表面检测。

⑤焊接、热处理应当符合《锅规》4.3 和 4.4 的要求。

⑥在产品质量证明书中注明满足《锅规》相关要求。

（3）电站锅炉范围内管道的安装单位在办理安装告知前，应与监检机构签订安装监检协议，并在办理告知时出示监检协议。安装除应符合《锅规》外，还应符合DL 5190.5《电力建设施工技术规范　第 5 部分：管道及系统》和 DL/T 869《火力发电厂焊接技术规程》。安装环节重点要求如下：

①安装单位对到货的管道元件（钢管、阀门、管件、补偿器、法兰和元件组合装置）进行验收，核查相应的出厂资料，包括质量证明文件、型式试验证书、元件组合装置的制造监督检验证书等。对于合金钢材料应当进行 100 % 化学成分光谱检测并记录签字，不符合要求的管道元件不得安装在电站锅炉范围内管道上。

②安装单位应对电站锅炉范围内管道合金钢材质安装焊接接头进行 100 % 化学成分光谱检测并记录签字。

③外径＞ 159 mm 或者壁厚≥ 20 mm 的环向对接接头（包括对无损检测结果有怀疑的压力管道元件上的环向对接接头），应当进行 100 % 射线或 100 % 超声检测；外径≤ 159 mm 的环向对接接头，应当进行 25 % 射线或 25 % 超声检测（锅炉额定工作压力≥ 9.8 MPa 时，应当进行 50 % 射线或 50 % 超声检测）。

④外径＞ 108 mm 的全焊透结构角接接头，应当进行 100 % 超声检测。其他管接头的角接接头按照不少于接头数的 20 % 进行表面检测。

因此，监理人员尤其要注意核查电站锅炉范围内管道中使用的元件组合装置和压力管道元件的设计、制造、安装是否合法、合规，相关质保资料和监检报告、监检证书是否完备。曾发现某国内知名厂家生产的孔板流量计，其流量支管与本体焊缝未采取全焊透结构，着色检查发现许多缺陷，结果要逐一返修。

三、汽轮机本体范围内管道安装

1. 一般规定
（1）在安装前应清理干净，安装中断应采取临时封闭措施，最后封闭应有专人监护并仔细检查，确认无杂物。
（2）严禁在缸体上施焊或引燃电弧。
（3）无设计的汽轮机本体小口径管道施工应按规范规定进行。
2. 与汽缸或其他设备相连接的管道安装应符合的规定
（1）管道重量应由支吊架承受，不得使汽缸或其他设备承载，管道及附件应不妨碍设备膨胀。
（2）导汽管等大口径管道、联合汽门与汽缸的连接应按照汽轮机本体安装规定进行。
（3）管道冷拉值应符合设计要求，冷拉时不得使汽缸或设备承受外力。
（4）管道导向定位销、槽应光滑、无毛刺，间隙应符合设计要求。
（5）与设备连接的管道应在设备定位并紧好地脚螺栓后自然与设备连接，不得强力对口。

（6）管道连接或焊接时不得使汽缸或其他设备产生变形或位移。

（7）设备就位后无法连接或不易连接的管道，应在设备正式就位前连接，检查合格后就位。

（8）主汽门、中压联合汽门等一次门与汽缸间的管道，连接前后应严格按隐蔽工程进行确认。

（9）汽缸与一次门间的管道焊缝应进行 100 % 无损检验。

3. 汽轮机本体范围内疏水管道安装应符合的强制性规定

（1）汽轮机本体疏水系统严禁与其他疏水系统串接。

（2）疏水管、放水管、排汽管等与主管道连接时，必须选用与主管道相同等级的管座，不得将管道直接插入主管道。

（3）疏水阀门应严密不漏，接入汽轮机本体疏水扩容器联箱上的接口，应按设计压力高低顺序布置，阀门布置应满足操作和管道膨胀的要求。

（4）疏水联箱的底部标高应高于凝汽器热井最高工作水位。

（5）室内疏水漏斗应加盖，并远离电气设备。

4. 阀门安装应符合的规定

（1）带电气及控制元件的阀门，其检查及安装工作应由电气、热工与机务安装人员配合进行。

（2）气动或液压式阀门的检查安装，应首先确认气动部分或液压部分动作灵活、正确，气管、液压管及接头等畅通、无阻塞现象。

（3）气动或液压式阀门，电磁式、液压式和重锤式抽汽止回阀，高排止回阀的检查与安装应符合规范要求。

四、系统试验和清洗

1. 系统试验

（1）划分试压包。

按相近压力等级的管道和设备组成的试压系统单元确定，编制管道试压包一览表。

第一阶段： 试压系统图编制，即将装置设计工艺系统图划分为若干个试车试压系统，必要时可带设备进行串接。试压系统划分原则：设计材质、温度、压力、试压介质等条件相近，压差一般不超过 0.5 MPa 的管道可作为一个试压系统（试压包）。绘制单独的试压系统图（可在设计工艺流程图中加深颜色标志），界限明确，并进行编号（唯一性）。标示盲板加装位置及编号、排气点、压力表、注水打压点位置。

第二阶段： 单线图及试压包目录编制，即依据试压系统图收集编制包内所有单线图，并编制试压包目录。单线图应具有可追溯性，并与无损检测报告对应。

（2）试压包资料：管道安装施工文件宜按试压包组卷，内容应包括流程图、轴测图、管道焊接工作记录、管道焊接接头热处理报告、硬度检测报告、金属材料化学成分分析检验报告、管道无损检测结果汇总表、管道无损检测数量统计表、管道系统压力试验条件确认记录、管道系统压力试验记录。

（3）试压条件确认：管道系统压力试验应在管道系统安装完毕、热处理和无损检测合格后进行。管道系统试压前，试压方案经审批，并由建设/监理单位、承包单位和有关部门对试压包资料进行审查确认，联合检查确认下列条件：

①质保资料和施工技术文件完备，符合设计文件和施工规范要求。

②管道支吊架的形式、材质、安装位置正确，数量齐全，螺栓紧固，焊接质量合格。

③金属波纹管膨胀节两端临时固定牢固。

④焊缝及其他应检查的部位，不得进行任何隐蔽工程施工。

⑤试压用的临时封头的选用应按规范进行计算，临时加固措施安全可靠。

⑥管道系统内的阀门开关状态正确。

⑦管道组成件的材质标志明显清楚，铬钼合金钢、含钼奥氏体不锈钢发现无标志时应采用光谱分析核查。

⑧根据试压方案应拆除或隔离的设备、仪表、安全阀、爆破片等均已处理完毕，临时盲板加置正确，标志明显，记录完整。

⑨仪表引压管可连通试验。

（4）试验介质一般用水，不锈钢管道水中氯离子含量不超过 0.2 mg/L，锅炉本体管道应采用除盐水；当管道设计压力 ≤ 0.6 MPa 时，可用气体试压，但应有防超压安全措施。试验压力设计无规定时为管道设计压力的 1.25 倍。当管道与设备作为一个系统试验时，应征得建设/监理和设计单位同意。在管道试验压力大于设备的试验压力时，按设备的试验压力试验，且设备的试验压力大于或等于管道试验压力的 77 %。

（5）当设计单位或建设单位认为管道系统进行压力试验不切实际时，可以免除压力试验，但应满足下列要求：

①对接焊接接头（如分段试压后的连接焊口、大修碰头焊口）经 100 % 射线检测或 100 % 超声检测合格。

②与支管连接接头、角焊焊接接头经 100 % 表面无损检测合格。

（6）汽轮机本体范围内管道压力试验。

运行时处于真空状态的管道可灌水检查，中、低压汽缸连通管可做渗油试验，试验后应清洗干净。

现场不做水压试验的主蒸汽及再热蒸汽导汽管，在与汽门、汽缸最终连接前应对焊口进行 100 % 无损检验，合格后方可进行最后一道焊口的焊接。对已与汽缸连接的其他管道进行水压试验时，即使已关闭与汽缸间的隔离阀，也应打开汽缸疏水阀进行监视。

2. 系统清洗

（1）为保证管道清洁度，应按规范进行清理、冲洗、吹扫、打靶验收。大于 DN 600 的管道采取人工清理，小于 DN 600 的液体管道采取水冲洗，气体管道采用空气吹扫，蒸汽管道采用蒸汽吹扫。

有的项目为减少蒸汽用量，对应蒸汽吹扫的管道采取酸洗、通球清洗等方法。从经济效益来看，直接吹扫未必浪费，酸洗或通球后吹扫未必节约时间和费用，关键要看管子的新旧程度和死角能否被吹扫到或清理到。管道系统如采用分段、分系统的冲洗、吹扫方法，则清洁度、时间、费用综合效果较好。

（2）蒸汽吹扫的临时排气管道及系统和锅炉范围内临时连接管及排汽管系统应由建设单位委托有设计资质的单位进行设计，并按正式管道的施工工艺施工。焊接必须由合格焊工施焊，靶板前的焊口应采用氩弧焊打底工艺，并尽可能缩短靶板前的临时系统管道，应在排汽口处加装消声器。

（3）管道冲洗时，管道上的流量装置、调节阀芯、过滤器等应拆除。不允许吹洗的设备和管道应隔离，不能参加吹洗的高压自动主汽门后的导汽管等管道，应采取措施保证内部清洁，无杂物。

（4）冲洗水量应大于正常运行时的最大水量，宜以系统内水泵供水，流速大于 1.5 m/s，冲洗至出口水质合格为止。不锈钢管道水中氯离子含量不超过 0.2 mg/L，锅炉本体管道水冲洗时，其水质应为除盐水。

（5）蒸汽吹扫前应进行暖管、排水，升压至 0.3~0.5 MPa 时进行热态检查。蒸汽吹扫过程中应对管系统进行检查，无变形和阻碍膨胀等状况。主蒸汽及再热蒸汽系统的蒸汽吹洗结合锅炉过热器、再热器的吹洗进行。

（6）吹扫打靶检查要严格把关，连续两次更换铝靶板检查，冲击斑痕的粒度不大于 0.8 mm，且 0.2~0.8 mm 的斑痕不多于 8 点为合格。吹扫不到的地方要采取特殊措施，确保干净，需旁站监理。

第七节　焊接、无损检测、热处理

执行 DL/T 869《火力发电厂焊接技术规程》、DL/T 819《火力发电厂焊接热处理技术规程》、DL/T 820《管道焊接接头超声波检测技术规程》、DL/T 821《钢制承压管道对接焊接接头射线检验技术规程》、DL/T 868《焊接工艺评定规程》等有关标准、规范。

1. 焊接人员资质与施工方案

承担火力发电厂焊接工程的焊接技术人员、质量检查人员、焊工、热处理人员、无损检测人员应具备相应的资质，监理工程师应严格核查有关资质，并协助建设单位组织焊工入场验证性的焊接考试，合格后方能入场工作。根据合同、标准和质量目标审查承包单位的焊接专业的施工组织设计、焊接施工方案、措施等。

2. 焊接工艺评定与作业指导

焊接工程应按照 DL/T 868《焊接工艺评定规程》进行焊接工艺评定，编制焊接工艺（作业）指导书，必要时应编制焊接施工措施文件。监理工程师应核查相应的技术文件。

3. 焊接材料

焊接材料根据设计文件或规范选用，其质量应符合国家标准的规定，进口焊接材料应在使用前通过复验确认其符合设计使用要求。首次使用的新型焊接材料应由供应商提供该材料熔敷金属的化学成分、力学性能（含常温、高温）、温度转变点 Ac1、指导性焊接工艺参数等技术资料，经过焊接工艺评定合格后方可在工程中使用。

4. 焊接方法和工艺

单面焊双面成形的承压管道焊接时，根层焊道应采用钨极氩弧焊（TIG）。除非确有办法防止根层焊道氧化，合金含量较高的耐热钢（含铬量大于 3 % 或合金总含量大于 5 %）管子和管道焊口焊接时，内壁或焊缝背面应充氩气或其混合气体保护，并确认保护有效。对管内清洁度要求高且焊后不易清理的管道必须用氩弧焊打底。平焊法兰内外侧均需焊接。外径 > 194 mm 的管子和锅炉密集排管（管子间隙不大于 30 mm）的对接接头宜采取二人对称焊。

坡口制备、焊件组对、焊接环境、预热及层间温度控制等应符合规范要求。

5. 无损检测方法

经射线检测怀疑为面积型缺陷时，应该采用超声波检测方法进行确认。厚度 ≤ 20 mm 的汽、水管道采用超声波检测时，还应进行 20 % 射线检测复验。厚度 > 20 mm 的管道和焊件，射线检测或超声波检测可任选其中一种。需进行无损检测的角焊缝可采用磁粉检测或渗透检测。对同一焊接接头同时采用射线和超声波两种方法进行检测时，均应合格。

6. 焊后热处理

按规范应进行焊后热处理的焊接接头，后热和焊后热处理的加热方法、加热范围、保温、测温等要求应按照 DL/T 819《火力发电厂焊接热处理技术规程》执行。对容易产生延迟裂纹的钢材，焊后应立即进行热处理，否则应立即进行后热。对容易产生延迟裂纹和再热裂纹的钢材应在焊接热处理后进行无损检测。

注意热处理与无损检测的顺序，规范做法是铬钼合金钢焊后立即进行热处理或后热，然后（焊后 24 h 以上）进行无损探伤，这样不会漏检延迟裂纹和再热裂纹。实际工作中，往往存在承包单位热处理队伍进场晚或进度滞后而先进行无损探伤后热处理的现象，易漏检再热裂纹，故有再热裂纹倾向的焊接接头若在热处理前进行无损探伤，则应在热处理后增加表面无损检测。

7.焊接质量检查

焊接质量检查包括焊接前、焊接过程中和焊接结束后三个阶段。焊接接头的质量检查按照先外观检查后内部检查的原则进行。对重要部件，必要时可安排焊接全过程的旁站监督。

（1）焊接前检查：焊件表面的清理符合标准的规定；坡口加工符合图纸要求；组对尺寸符合标准的规定；焊接预热符合标准的规定。

（2）焊接过程中检查：层间温度符合工艺（作业）指导书的要求；焊接工艺参数符合工艺指导书的要求；焊道表露缺陷已消除。

（3）焊接结束后检查：焊接接头无损检测前必须经外观检查并合格。监理人员应对焊接接头外观质量进行平行检验，必要时应使用焊缝检验尺或5倍放大镜，对可经打磨消除的外观超标缺陷应做记录。

（4）无损检测。

①管道焊接接头按比例抽样检查（点口）及一次合格率计算见第九章第一节见证取样有关内容。

②抽样检测发现不合格焊接接头时，应按下列要求进行累进检查点口：

a.在一个检验批中检测出不合格焊接接头时，应对同批中该焊工焊接的焊接接头按不合格接头数加倍进行检测，加倍检测接头及返修接头评定合格，则应对该批焊接接头予以验收。

b.若加倍检测的焊接接头中又检测出不合格焊接接头，则该批焊接接头判定为不合格。应对同批焊接接头中该焊工焊接的全部焊接接头进行检测，并对不合格的焊接接头返修，评定合格后可对该批焊接接头予以验收。

③采取局部检测的焊接接头（整道焊缝的一部分）发现不合格缺陷时，应在该缺陷延伸部位增加检测长度，增加的长度为该焊接接头长度的10%，且不小于250 mm。若仍有不合格的缺陷，则对该焊接接头做全部检测。

④经焊后热处理的焊接接头，应对焊缝和热影响区进行100%硬度值测定，且其硬度值均不得超过规范规定，热影响区的测定区域应紧邻熔合线。焊缝硬度不应低于母材硬度的90%。同种钢焊接接头热处理后焊缝的硬度不超过母材布氏硬度值加100 HBW，且合金总含量小于或等于3%，布氏硬度值不大于270 HBW；合金总含量3%～10%，布氏硬度值不大于300 HBW。异种钢焊接接头焊缝硬度检验应遵照DL/T 752《火力发电厂异种钢焊接技术规程》的规定。

⑤耐热钢部件焊后应对焊缝金属按照DL/T 991《电力设备金属光谱分析技术导则》进行光谱分析复检，受热面管子的焊缝不少于10%，若发现材质不符，则应对该批焊缝进行100%复查。其他铬钼合金钢管道焊缝应对合金元素含量进行验证性抽样检查，每条管道（按管道编号）的焊缝抽查数量不应少于2条。经光谱分析确认材质不符的

焊缝应判定为不合格焊缝。

8. 焊缝标志

焊接工作完成后，应在单线图（轴测图）上标明焊缝位置、编号、焊工代号、固定焊焊接位置（2G 或 5G）、无损检测方法、返修焊缝位置等可追溯性标志。这是试压包资料需确认的内容。

第六章　电仪工程特点和监理要点

第一节　电气安装

一、发配电一次系统安装

1. 发配电系统（特别是与电网联络的高压装置）

发配电系统具有电压等级高、设备容量大、技术含量高、安装精密度高、试验复杂、安全风险大等特点。特别是发电机系统，较一般电气装置多加了励磁系统、同期并网系统，使电气一次、二次系统技术难度及复杂程度加大很多。

2. 发变组网架部分电气设备安装监理重点工作

（1）电气设备安装前，控制好混凝土基础交安质量和安装环境。基础的尺寸误差应在设计或规范要求范围内，现场具备安装所需环境条件，GIS 装置安装室内应达到无尘化。

（2）进场设备按规范及厂家要求进行开箱检验及保管，厂家技术人员应到场，监理人员现场参与检查确认。设备到场时应认真进行外观检查，核对所到设备、材料与装箱单一致。大型设备及时检查随车振动仪，一次主要设备 SF_6 气体绝缘母线筒、SF_6 气体绝缘断路器、SF_6 气体绝缘隔离开关、SF_6 气体绝缘互感器等设备外包装不得有损坏的痕迹。

（3）网架 220 kV 或 110 kV GIS 装置安装，监理人员应严密关注安装过程，并进行旁站监理。

GIS 装置母线筒安装前两端封头不得打开，安装时母线筒内壁应清洁、光滑、无毛刺，对应法兰面应平整、无划伤。母线筒封头打开后，在空气中暴露时间应符合技术文件要求。母线筒安装的水平度、垂直度应符合技术文件要求。高压母线间及设备间一次母线连接，一定要坚持在厂家技术人员指导下施工、安装。GIS 装置由很多独立气室组成，每个气室充气（SF_6）前，按厂家给定的真空度值抽真空，SF_6 气体检测报告值应合格。充气过程按技术文件要求控制充气速度，并严密监视各气室的压力表、密度继电器、过压阀的数值，应符合产品说明书要求。充气完后静置 24 h 并做 SF₆ 气体含水量分析，电弧分解的气室应小于 150μL/L，无电弧分解的气室应小于 250μL/L。

GIS 装置母线耐压试验根据厂家、建设单元要求分两步走。先做老练试验（净化试验），该试验应带 CT、PT、BLQ 电气设备，缓慢升压至 0.5~0.6 倍正常运行母线额定电压，耐压 5 min 合格。在缓慢升压过程中及 0.6 倍额定电压时，可将设备中可能存在的活动微粒杂质迁移到低电场区域，降低甚至消除这些微粒对设备的损害。又可通过放电，烧掉细小微粒和电极上的毛刺及附着的尘埃，以减少对设备的损害。继续升压前退出 CT、PT、BLQ 电气设备，升压至规定的试验电压做耐压试验。

GIS 装置主导电回路的电阻值测定，宜采用电流不小于 100 A 的直流压降法。由于 GIS 装置导体为圆柱体，导体间的连接采用插入式（类同手车开关动静触头连接模式），连接的紧密性无法用机械方法检测，可通过导电电阻值的检测，鉴定其连接是否合格。

3. 发变组系统主变压器、发电机组安装监理重点工作

主变压器、发电机吊装就位前，监理人员应检查其设备基础交接情况，中心线标示应清楚；参加吊装方案审查，检查确认吊装准备工作到位和试吊情况，吊装过程进行旁站。

（1）严格控制变压器及附件安装质量

110 kV 主变压器基本是充氮运输，到场后一般不进行吊芯检查。

主变压器安装结束（包括油系统），按规范规定进行变压器油（包括补充油）取样送检。变压器滤油、注油应根据现场环境温度控制好油位，监理人员要旁站。油枕呼吸系统（从油枕至排气瓶间管道）所有阀门及法兰连接密封均使用厂家提供的耐油橡皮垫圈。中性点接地系统、放电杆尖端间距按设计要求调整到位，放电杆尖端间距一般在 90~100 mm，与变压器所在的海拔高度有关。仪表、继电器安装前应送相关部门进行校验合格。

严格按电气试验规范做变压器相关试验，特别是绕组连同套管的直流电阻、电压比的测量；绝缘电阻、吸收比的测量；变压器接线组别及交流耐压试验等。试验做完后再取油样分析，通过油质分析能鉴定变压器绕组绝缘是否受到伤害。检查过程中呼吸器油杯内应有气泡溢出，变压器呼吸回路正常。油枕油位与当时油温应相符合。

（2）发电机安装

发电机吊装如在主厂房土建基本完工后在室内进行，则无法使用大型吊车，一般采用厂房行车吊装。由于行车起重量一般在 50 t 左右，而 50~60 MW 发电机定子重量为 70 t 左右，需将发电机定子两端盖板拆下以减轻重量，但仍有超重的风险。故发电机宜在厂房封顶前用大型吊车吊装就位，然后采取硬隔离措施进行产品保护。

发电机定子就位后，及时进行定子膛内检查。施工人员需穿无纽扣、无口袋的工作服和不带钉子的软底工作鞋，用吸尘装置进行定子膛内清理，再次认真检查定子铁心槽楔应无变形、无受伤，定子膛内表面绝缘漆圆滑、均匀完好，无摩擦痕迹，端部线圈绕组绑扎紧固，监理人员进行现场检查、见证。

穿转子前还应对转子绕组交流阻抗和功率损耗进行测量，不能遗忘。

穿转子时，在转子尾部（汽轮机端）连接好假轴，转子头部加好配重，系好软吊绳，试起吊使转子大轴保持水平。定子膛内垫上稍厚的塑料薄膜，一人在膛内给所穿的转子引道，确保转子穿过时不扫膛。

转子安装后，适时进行转子绕组交流阻抗和功率损耗测量，并与穿前的测试数据进行比较，不应有明显变化。后续根据汽轮机安装进程，适时进行发电机引出线的安装，并对安装前后发电机定子绝缘进行摇测比较。

（3）发电机与主变间安全隔离

发电机与主变间除断路器外设有一组裸体隔离开关，由于开关通过的电流较大（50 MW 发电机通过电流按 5 000 A 左右设计，最大通过电流为 6 300 A），故隔离开关的刀口接触紧密尤为重要；否则，会发生大的事故。隔离开关一般设操作连杆及其二次用力机构，以带动隔离开关的锁紧装置，使刀口接触达到最佳。

隔离开关安装过程应符合厂家的技术文件，并要求设备厂家来人指导安装。监理工程师验收应用 0.2 mm 塞尺检测隔离开关刀口接触面，现场见证隔离开关导电电阻值的测量（宜采用电流不小于 100 A 直流压降法），电阻值应符合厂家的规定，一般为 10 μΩ 左右，同时现场检测隔离开关三相相间的距离应 ≥ 15 mm。隔离开关支柱瓷瓶按规范要求做耐压试验。

二、厂用电系统高压电气设备安装

厂用电系统高压电气设备安装监理重点工作：

（1）高压开关柜安装前，监理人员对型钢基础的不直度、水平度、高出最终地面的高度进行检查确认。高压开关柜安装后对其垂直度、水平偏差、盘间偏差、盘间接缝进行检测验收。另外，检查各高压开关柜具有的五防功能应正确。

（2）高压母线连接中，监理人员应按比例对母线连接螺栓的紧固性使用力矩扳手进行检测验收，多选螺栓紧固位置受限的进行检测，紧固力矩值应符合厂家要求。同时，按比例抽查螺栓垫片，窝形垫片安装应凹面向下放置。上、下配置的母线间的连接螺栓（包括导体间倾斜连接的螺栓）螺杆应由下往上穿，螺母在上方。

（3）厂用电低压系统除正常 0.4 kV 双母线外，增设了热控阀门、执行机构、调节系统等专用的低压母线段，多面低压柜组成的 MCC 开关室。全厂照明使用的智能照明低压段，由多面照明低压柜组成。暖通（全厂空调、通风装置用电）单独设置低压母线段。电气低压柜、母线、二次回路等设备的安装验收环节同于高压系统。

第二节　电气设备调试

一、电气设备单体调试

（1）主变压器、发电机、电动机、断路器、母线、互感器、避雷器、电缆等电气设备均应按规范或厂家说明书进行单体调试，电气设备试验规范中试验项目靠前的相对更重要。关键试验项目有导电设备直流电阻测量、绝缘电阻测量、交流耐压试验、发电机及电动机的直流耐压泄漏电流测量、变压器绝缘油试验等，监理人员对其试验过程应进行旁站见证。

（2）承包单位进行电气设备相关的保护单体试验，如电气差动、速断、限时过流、电压闭锁过流、过电压等保护，变压器的非电量（瓦斯、过压、油温度、线圈温度）保护的单体试验，所有电气操作后台控制的高、低压开关启停操作试验，DCS 后台操作控制的馈线（负载）开关的就地、远程启停操作试验。

二、电气设备静态联调试验

就自备电厂而言，联调试验由第三方专业调试单位进行。该单位首先对施工方的单体调试内容进行检验、复查、整改，使单体试验的正确率达到百分之百，从而保证联调的正确和顺利。

（1）发变组主要设备、系统保护专项调试。

与电网连接的发电机出口主变压器、电网倒送电的厂用和备用高压变压器保护连跳试验，监理人员应见证主变差动、高后备保护、非电量重瓦斯、线圈超高温度、发电机差动、定子接地保护、过压保护、转子接地保护、失磁保护、复压过流保护等试验过程。

（2）10 kV 厂用电系统联调试验，模拟进线电源开关跳闸后，能启动快切备用电源开关自投。与电网直接连接的变压器冲击受电前，为保证其冲击受电更安全，应进行通流试验检查对应保护极性、接线的正确性。通流试验前检查通流区域内一次、二次系统安装完成，接线正确、紧固，回路绝缘等验收合格。根据方案分区间安装 10 kV 侧短路铜排。按通流试验范围分别通流，此试验可检查、校正主变压器、发电机、电抗器差动保护二次接线极性正确。

三、发电机系统静、动态专项试验

1. 励磁系统静态试验

（1）励磁系统回路检查

①审阅励磁系统设计图纸和厂家资料，熟悉设备和系统，有问题提出意见做好记录。

②检查回路中元件的型号、参数、规格，应符合设计要求，重点有：

a. 测量表计、变送器、分流器的量程和精确等级。

b. 操作继电器、接触器、空气开关、灭磁开关的线圈电压类型和电压等级。

c. 各种控制开关、转换开关的型号。

d. 非线性电阻的规格和容量，发电机转子回路灭磁电阻的阻值和容量。

e. 可控硅、整流二极管及快速熔断器的规格。

③对照原理图和配线图，调节器柜、整流柜、灭磁柜、过电压保护柜的盘内配线应连接正确。

④各盘柜之间接口电缆应连接正确。

⑤对于带屏蔽的弱点信号电缆，屏蔽层应可靠接地，保证其抗干扰性能。

⑥直流控制回路应保证有两路电源，可互为备用，各回路配置合适的熔断器。

（2）一次设备元件静态试验

①按规范要求发电机、励磁变压器的相关试验已完成并合格。

②发电机灭磁开关的试验项目完成。

③测量检查整流柜、交直流侧的过电压保护元件及整流二极管、可控硅两端跨接的阻容保护元件的参数。

（3）调节器静态试验

①调试人员对照图纸和说明书，熟悉调节器柜内设备、操作面板上开关、按键和旋钮的作用，以及显示仪表和数据意义。

②检查装置元件有无损坏，安装有无错误。

③检查接线端子（端子连接紧固性、导线截面）。

④检查高压回路、灭磁回路是否正常，测强电回路的绝缘电阻。

⑤检查外接交、直流电源极性和相序是否正确，验证各设备、风机功能是否正常。

⑥检查电压、电流互感器外部回路、变比与设计是否一致。

⑦检查就地操作的磁场开关、起励回路、控制回路等。

⑧进行小电流开环试验（假负载），调节器加入机端电压（或转子电流信号），输出端接适当的电阻或电感性负载，自动给定于空载额定位置，改变输入电压在70~110 V之间变化，用示波器观察可控硅整流桥输出直流电压波形，六相波头应平整。调节过程中波形在每一点都能稳定，不应有突变或波形畸变现象。可控硅控制角应在

15°~149°之间连续变化。

⑨调节器静态试验完成后，应连续通电 24 h，观察各电路的特性变化情况。

（4）操作控制回路传动试验

励磁系统正式投入使用前，需进行传动试验，以确认控制回路的正确性。

①传动试验前的准备工作

a.所有二次回路绝缘试验合格。

b.励磁回路所有控制电源、信号电源、冷却器电源均投入使用。

c.所有开关经试验合格。

d.试验人员按设计原理图列出所有传动试验项目。

②试验人员按列表的内容完成各项试验，应保证所有开关能可靠动作，所有信号正确发出，保护联锁关系符合设计要求。

2.发电机空载励磁调节器（AVR）动态试验

（1）励磁系统改为自并励接线方式，发电机断路器断开。调节器设为手动方式，发电机升至额定电压，校准调节器内各采样点的精度。

（2）励磁调节器手动通道试验（两通道分别进行）。

①手动通道升压及电压调节范围：

手动通道应能使发电机在空载额定电压的 20 %～110 % 范围内稳定、平滑地调节，给定电压变化速度每秒不大于发电机额定电压的 1 %，不小于 0.3 %。

②通过阶跃相应试验调整 PI 参数。

③检查整流器电源电压和相位。

④在额定电压下，断开灭磁开关（灭磁电阻灭磁），录取发电机电压波形。

⑤在额定电压下，灭磁开关合位灭磁（逆变灭磁），录取发电机电压波形。

（3）励磁调节器自动通道试验（两通道分别进行）。

①自动起励零起升压，A 套调节器置自动通道，给定电压设定在额定值，投入起励电源，零起升压，用录波器录取发电机电压波形，要求端电压超调量不得超过额定值的 10 %，电压摆动次数不超过 3 次，调节时间不超过 10 s。

②调整测量实际值（U_c、U_s、I_F、U_F）。

③自动通道升压及电压调节范围：

B 套调节器用自动方式带发电机升压，自动通道应能使发电机在空载电压的 70 %～110 % 范围内稳定、平滑地调节。给定电压变化速度每秒不大于发电机额定电压的 1 %，不小于 0.3 %。

④通过阶跃相应试验调整 PI 参数。

⑤设定并检查 V/Hz 限制器。

（4）励磁系统频率特性试验（两通道分别进行）。

发电机自动方式空载额定电压运行，改变发电机转速使频率变化 ±1 % 测量发电机机端电压，计算机端电压变化率应不超过 ±0.25 %。

（5）通道切换试验。

通过录取发电机电压波形，检查自动通道、手动通道和调节器切换试验，以及切换过程是否平滑无冲击。

（6）±10％阶跃试验。

① A 通道试验

a. 合上灭磁开关，手动按增 / 减磁按钮使机端电压升至额定值，在调节器面板将增 / 减磁开关切至减位置，进行 −10％ 阶跃试验，同时用录波器录取 U_F、U_L 波形。

b. 手动按增 / 减磁按钮，使机端电压调至 90％U_N，在调节器面板将增 / 减磁开关切至增位置，进行 +10％ 阶跃试验，同时用录波器录取 U_F、U_L 波形。

② B 通道试验

发电机电压减至最低后，调节通道由 A 通道切至 B 通道。按 A 通道试验的方法进行试验并录波。

（7）监视和保护功能测试。

①检查 PT 故障时自动通道到手动通道的切换过程。

②检查 PT 故障时通道 A 到通道 B 的切换过程。

（8）励磁调节器遥控操作检查。

运行人员在 DCS 系统画面上进行励磁投入、励磁退出、升励磁、减励磁、自动手动切换、恒功率因数（恒无功）投入等操作检查，各项操作均应正常执行。

（9）发电机空载下励磁系统动态试验完成后，恢复调节器各项参数至正常运行数值，保存两通道的调节器的参数表。灭磁开关断开备用。

3. 发电机带负荷下励磁系统试验

（1）发电机首次并网后带 10 MW，有功负荷稳定运行，调试人员进行发电机励磁调节器带负荷试验。运行人员注意监视电气主设备参数，不参与操作，有异常情况及时汇报值长或机试验指挥人员。就地试验人员应时刻与集控室指挥人员保持联系。

（2）并网后励磁调节器一般性检查：

①校准发电机电流测量值，检查 P、Q 采样值。

②自动通道做阶跃相应，优化动态性能。

③手动通道做阶跃相应，优化动态性能。

④手动限制调整。

（3）I_F 限制器检验：用阶跃响应使励磁电流 I_F 过励、低励限制器动作，并优化动态响应过程。

（4）I_G 限制器检验：用阶跃响应使定子电流 I_G 过电流限制器动作，并优化动态响应过程。

（5）P/Q 限制器检验：用阶跃响应使低励限制器动作，并优化动态响应过程。

（6）恒功率因数（恒无功）控制器检验：检查恒功率因数（恒无功）控制器稳态和动态性能，检查限制器限制值，用增 / 减按钮检查参考值的设定情况。

（7）通道切换试验：通过录取发电机电压波形，检查自动通道、手动通道的切换过程是否平滑无冲击。

（8）调差环节检查：若采用负调差，增大调差率时发电机无功功率将相应减小，应通过改变调差率来检验调差环节的正确性。

（9）发电机带负荷励磁调节器试验完成后，注意将试验中临时设定参数恢复到初始值，在双通道中保存参数，并将双通道最终参数表备份。

（10）励磁系统带负荷运行过程中，应密切监视励磁系统的运行状况，定期检测可控硅整流器、过电压保护装置等大功率器件的工作温度以及励磁小间的环境温度，发现温度超标后，应及时采取措施，防止事故发生。

4. 同期系统静态调试

（1）同期系统二次回路的调试工作

①发电机 PT 和对应主变低压侧 PT 二次同期电压回路接线正确无误。

②同期系统控制回路接线与设计原理一致。

③同期报警信号回路接线正确无误。

④同期回路直流中间继电器按规程校验完毕。

⑤同期系统在 ECS 系统画面上的测点精确可靠。

（2）微机准同期控制器校验及整定

①整定并列允许电压差及允许过电压保护定值。

②合闸允许频差整定

设置合闸允许频差参数为 ±0.2 Hz。维持发电机和系统电压均为 100 V，模拟系统和发电机频率为 50 Hz。进入调试界面，维持系统频率不变，缓慢降低发电机频率，直至显示屏刚好稳定显示为止，记录此时发电机测值；再维持系统频率不变，缓慢提高发电机频率，直至显示屏刚好稳定显示为止，记录此时发电机测值。计算频差闭锁范围。

③调压部分检查

调节发电机和系统频差在允许范围之内，维持系统电压为 100 V。降低发电机电压至压差整定范围之外，观察升压继电器动作正确，测量输出调压脉冲正常；再提高发电机电压至压差整定范围之外，观察降压继电器动作正确；检查在调压过程中合闸不会动作。

④调频部分检查

调节发电机和系统压差在允许范围内，维持系统频率为 50 Hz。降低发电机频率至频差整定范围之外，观察加速继电器动作正确，测量输出调速脉冲正常；再提高发电机频率至频差整定范围之外，观察减速继电器动作正确，测量输出调速脉冲正常；检查在调速过程中合闸不会动作。

⑤合闸部分检查

用同一试验电源输出两路电压信号分别加至同期装置系统电压和发电机电压输入

端子，改变两路电压信号之间的相位差，观察相位指示灯指示正确。整定断路器合闸导前时间为某一值，改用两套试验电源分别调节发电机和系统电压差、频差均在允许范围之内，观察相位指示灯旋转方向正确。发电机频率高于系统频率时指示灯应顺时针旋转。观察合闸信号能正确发出，测量合闸脉冲输出正常。

⑥发电机过电压保护检查用试验电源模拟调节发电机电压达到 115 % 额定电压值，检查同期装置是否会持续发出降压指令。

⑦低压闭锁检查用试验电源模拟调节发电机电压低于 65 % 额定电压值，检查同期装置是否会自动停止操作，并发出失压报警信号。

5. 同期系统控制回路传动试验

（1）在 DCS 系统画面上分别进行自动准同期装置的投入、解除和复位操作，检查自动准同期装置动作是否正确。

（2）通过自动准同期装置发出增速、减速脉冲，检查汽轮机调速系统动作是否正确。

（3）通过自动准同期装置发出升压、降压脉冲，检查励磁调节装置动作是否正确。

（4）通过自动准同期装置发出合闸脉冲，检查断路器动作是否正确。

6. 同期电压回路检查

（1）主变压器低压侧电压正常，PT 的二次保险、开关投入。

（2）投入发电机保护。

（3）投入励磁系统，加励磁使发电机带母线零起升压至额定。

（4）测量发电机和主变压器低压侧 PT 二次电压及相序，同步表在 12 点时，检查同期装置的两路同期输入电压信号幅值、频率、相角是否在可同期范围内。

（5）在 DCS 系统画面上操作投入自动准同期装置，检查同期装置面板相位指示灯是否指在 0 位（同步点）。

7. 发电机短路试验

在汽轮机组正常启动升速过程中，安排电气调试人员做发电机转子绕组交流阻抗和功率损耗试验。转子绕组交流阻抗和功率损耗理论值，应在 0 转 / 分、500 转 / 分、1 500 转 / 分、2 000 转 / 分、2 500 转 / 分、3 000 转 / 分每一转速下，分别外供转子试验电压 20 V、40 V、60 V、80 V、100 V、120 V、140 V，进行转子交流阻抗和功率损耗测试（小发电机组一般检测密度稍小）。汽轮机首次启动的技术要求，按低速、高速暖机分段缓慢升至 3 000 转 / 分，转子绕组交流阻抗和功率损耗试验也随之结束。机务调试人员做汽轮机主汽门、高调门等严密性试验后，维持 3 000 转 / 分交电气专业做发电机短路试验，电气人员已提前敷设励磁变 10 kV 高压侧临时电源电缆（励磁变接在发电机出口，因新发电机转子无剩余磁场，发电机无法升压，励磁变高压侧无电压，励磁系统无电）。励磁变低压侧提供励磁系统 380 V 低压整流装置用电源，为发电机转子提供直流电源建立磁场。发电机即可升压。一般安排此时做发电机短路试验（在发电机未启动前，也可利用此励磁变临时电源给励磁变、励磁系统供电，进行励磁系统相关调试）。检查发电机出口断路器、隔离开关是否在断开位置（施工人员已按要求提前用铜排在发电机出口进行了三相短路）。做发电机出口三相短路试验：通过手动增 / 减磁开关缓慢调节发电机转子励磁电压，做短路试验。在小电流时（二次电流 0.5 A），检查发电机 CT 二次回路是否有开路并测量各组电流大小，检测发电机差动保护的不平衡电流（应正常）。将励磁电压降至最低，重新增加励磁电流（缓慢升流），分别读取发电机定子电流 I_G（I_A、I_B、I_C），发电机励磁电压 U_F 和励磁电流 I_F，做出发电机短路特性 I_G 与 I_F 上升、下降曲线，并将单向调整时相关对应电流、电压记录于表 6-1（提供做曲线的依据）。

表 6-1 　　　　　　　　　　　　发电机三相短路试验记录表

		800	1 600	2 400	3 200	4 000	4 124
发电机定子一次电流 /A	上升						
		800	1 600	2 400	3 200	4 000	4 124
	下降						
发电机定子二次电流 /A	上升						
	下降						
励磁电流 /A	上升						
	下降						
励磁电压 /V	上升						
	下降						

8. 发电机空载试验

待发电机短路试验结束，汽轮机应停车，进入盘车状态。做好安全措施，安排电气施工人员拆除发电机出口短路铜排。同时拆除励磁变临时电缆，恢复接入发电机出口母线。启动发电机，转子铁芯有剩余磁场，可供发电机启动后升压。汽轮机冲转、升速维持额定转速。

（1）检查发电机出口断路器、隔离开关是否在断开位置。

（2）投入发电机定子接地保护，退出发电机过电压保护。

（3）送励磁装置电源及励磁装置风机电源，合上灭磁开关。采用手动方式调节励磁进行零起升压，按表 6-2 试验点进行空载试验。

表 6-2 发电机空载试验记录表

发电机定子一次电压 /kV	上升	2	4	6	8	10	10.5	13.65
	下降							
发电机定子二次电压 /V	上升							
	下降							
励磁电流 /A	上升							
	下降							
励磁电压 /V	上升							
	下降							

（4）上升时，将发电机空载电压升至额定电压的 130 %（13.65 kV），持续 1 min。此过程中（特别是最高电压时），对发电机本体、励磁系统及其他一、二次系统进行全面检查。先做上升特性曲线，然后做下降特性曲线。

（5）利用调节器 A 在自动方式下建压 70 %，并增磁至额定电压。在发电机空载额定电压下，测量发电机转子轴电压（正常）。

（6）在发电机空载额定电压下，核对发电机出口 PT 的电压及相序，对发电机出口 PT、励磁 PT 进行二次核相，并进行同期回路检查。

（7）励磁自动调节装置 A 空载切换试验：

a. 自动切换手动，观察转子电流和机端电压无波动。

b. 手动切换自动，观察转子电流和机端电压无波动。

（8）利用调节器 B 在自动方式下建压 70%，并增磁至额定电压。励磁自动调节装置 B 空载切换试验：

a. 自动切换手动，观察转子电流和机端电压无波动。

b. 手动切换自动，观察转子电流和机端电压无波动。

（9）调节器 B 切换至调节器 A 试验，观察励磁电流和机端电压无波动；调节器 A 切换至调节器 B 试验，观察励磁电流和机端电压无波动。

（10）试验结束后，拉开励磁开关，测量发电机定子绕组残压（残压大、小不清楚，要特别注意安全）。

该试验结束后，根据建设单位相关部门要求可能带主变压器零起升压，对变压器及整个一次系统进行一次考验。

9. 同期装置动态调试工作（自动准同期装置调频、调压控制系数调整）

（1）发电机出口 10 kV 开关、隔离开关均保持在断开位置。

（2）合上灭磁开关加励磁，使发电机升压至额定值。

（3）断开自动准同期装置的合闸回路。

（4）投入同期装置，手动将发电机频率、电压调偏，投入同期装置的调速及调压功能，观察发电机频率或电压的变化情况。如调节过猛出现过调现象，导致频率与电压在额定值上下摆动，说明调频控制系数（或调压控制系数）取值过大，可调低此项系数设置；如果发现调节过程很慢，频差或压差迟迟不能进入允许范围，则应增大调频控制系数或调压控制系数。重复以上步骤，直到调节过程即快速又平稳为止。

（5）退出同期装置，恢复自动准同期装置的合闸回路接线。

10. 自动假同期试验（所有操作过程按正常并网进行，只是将发电机出口开关摇至试验位置，保证发电机一次回路在断开位置）

（1）将发电机出口开关摇至试验位置。

（2）调速系统、励磁调节系统设为自动控制方式，观察自动准同期装置动作情况。

（3）待发电机开关同期成功后，退出自动准同期装置。

11. 自动准同期装置并网

（1）将发电机出口开关摇至工作位置。

（2）调速系统、励磁调节系统设为自动控制方式，观察自动准同期装置动作情况。

（3）待发电机开关同期合闸成功后（首次并网成功），退出自动准同期装置。

（4）发电机并网后，由调试单位按规定给发电机带适当有功、无功电负荷，低负荷运行 4~8 h（使汽轮机系统一次设备暖机充分，防止试验过程中机械损伤），并对汽轮发电机组全系统进行检查，正常后安排发电机解列、汽轮机组做超速试验，机务人员配合调试人员进行，汽轮机超速试验正常后停机。重新开机时，电气调试人员再在 0 转 / 分、500 转 / 分、1 500 转 / 分、2 000 转 / 分、2 500 转 / 分、3 000 转 / 分时，进行转子绕组交流阻抗和功率损耗的测试（与前面测试值比较，无明显变化）。

整个试验结束后，发电机再次并网，汽轮机组具备条件可缓慢分段带有功、无功电负荷，观察机组运行状况，直至满负荷。最后根据建设单位安排按设计给定的满负荷运行，进行考核试验。

第三节　热工仪表及控制装置安装

一、热工仪表及控制装置内容

动力中心装置的锅炉高温高压、机组联锁保护复杂、安全要求高，对下游装置安全运行影响大，要求对过程变量进行高精度控制。产品的质量、产量及能量消耗都依赖于仪表控制系统。

动力中心装置的分散控制系统（DCS）、安全仪表系统、火灾和气体监测系统等共用一个中央控制室，装置的 DCS 显示操作站及附属设备均集中在新建中央控制室内，进行集中操作、控制和管理。

1. 分散控制系统

动力中心装置工艺单元的操作监视、控制、管理和联锁停车通过设置在中央控制室和现场机柜室内的 DCS 及其子系统实现，该 DCS 系统融合了先进的现场总线技术和接口技术，实现集中控制、平稳操作、安全生产、统一管理，从而提高产品产量和质量，降低能耗，充分发挥工艺装置的生产加工能力，尽最大可能获取经济效益。

DCS 子系统有数据采集与处理系统（DAS），模拟量控制系统（MCS），辅机顺序控制系统（SCS），电气控制系统（ECS），汽轮发电机组保护和控制系统（DEH、TSI、ETS）等，可以将所有的工艺变量进行数据处理，用于过程的实时控制、报警，生成各种控制、显示和报警画面，打印各种生产、管理报表。

通过 AMS 系统实现对现场仪表和控制阀的维护和故障诊断。

DCS 系统的硬件（各种接口卡件、I/O 卡件、局域网、通信接口及电源等）采用冗余配置，提高系统容错能力和可用性。

现场控制站与中央控制室数据通信采用冗余光纤电缆。

DCS 系统能与 ESD 系统、过程计算机系统、上位服务器系统、FGS 系统、MCC 系统和过程分析仪系统进行数据通信。

电厂汽轮机、锅炉为主体的状态与参数均经 DCS 系统相关机柜，实现 I/O 模块连接和端子接线，同时组态成后台画面。所有生产运行操作、调整集中在中央控制室内计算机画面进行。这些状态与参数包括：所有电机的启 / 停操作、运行 / 停止状态、37 kW 以上电机电流、变频电机转速等；电动门（打开、关闭）；远方、就地位置、过程位置、故障信号等；压力（风压、汽压、水压、油压）、温度、流量等。

其他辅助装置，如脱盐水、除尘、脱硫一般设有独立的小 DCS 系统，在独立的控制室内后台画面上进行生产操作、调整。

电气所有电源开关（发电机系统开关、高低压厂用电进线开关、备用进线开关），均有自己独立的 DCS 系统。集中在机、炉控制室内独立后台画面上进行生产操作、调整。

2. 汽轮发电机组保护和控制系统

汽轮机的热工仪表测点较多且复杂，一般设有转速测点（如汽轮机现场开机盘转速表、三选二超速保护用测点）、机械超速、轴向位移、胀差（定转子间热膨胀的监测）、转子偏心（转子实物质量中心与几何中心的偏差）、轴承振动、推力瓦温度、轴承油温等。热工仪表监理人员应清楚上述测点位置。汽缸合盖前应严格检查测点安装位置是否正确、固定牢固。转换测得的电压数值应符合设计值，确保测点与所测物质的间隙正确无误。

为保证汽轮发电机组的安全、稳定运行，设置汽轮机安全监测系统（TSI）、汽轮机紧急跳闸系统（ETS）、汽轮机数字电液控制系统（DEH）等保护和控制系统。该部分均由汽轮机制造厂配套供货。

汽轮机安全监测系统（TSI）主要实现转速、振动、轴向位移、胀差、汽缸膨胀等参数的测量，并可连续指示、报警和保护。

汽轮机紧急跳闸系统（ETS）主要功能是与汽轮机监测系统配合，检查跳闸请求信号的正确性，并对正确的跳闸请求信号做出快速反应。汽轮机跳闸条件包括汽轮机超速、润滑油压极低、轴向位移过大、轴承振动过大、胀差超过极限、排汽缸温度超限、EH 油压过低、发电机保护动作、轴瓦温度高、主蒸汽温度低等。

汽轮机数字电液控制系统（DEH）包括电子控制装置、EH 油系统和就地仪表三部分，由操作员站、交换机（HUB）、控制柜、伺服放大器、电液转换器等组成，其控制范围包括盘车—冲转—升速—并网带负荷全过程。该系统主要实现汽轮机转速控制、负荷控制、机前压力控制、一次调频、超速控制和保护、供热抽汽压力控制、汽轮机运行工况监视等功能。DEH 是汽轮机的心脏和大脑，控制汽轮机组启动、升速、带负荷、负荷调整等。这是一个较复杂的系统，监理人员需了解其原理、设备部位和组成。

3. 锅炉自动控制系统

锅炉设有燃烧自动调节系统，包括热负荷调节、送风调节和炉膛负压调节。其调节依据为锅炉出口超高压蒸汽流量、压力、烟气含氧量、炉膛出口负压及一、二次风机的流量等参数，调整称重式给料机转速、送风机转速、引风机转速，以使锅炉燃料消耗与锅炉出口超高压蒸汽流量相适应，并维持超高压蒸汽压力的稳定，同时确保锅炉在安全经济的工况下运行。

锅炉设有专用的炉膛安全监控系统（FSSS），其包括炉膛吹扫、锅炉点火、锅炉火焰监视、锅炉炉膛压力（正、负压）和灭火保护，以及主燃料跳闸。锅炉还设置了三冲量锅筒水位调节、过热蒸汽温度调节、锅炉主给水流量调节系统。

锅炉装置及脱硫、脱硝仪表控制系统有风压、含氧量、电导、料位等控制，脱硫、脱硝系统还有烟气在线监测系统（CEMS）。仪表监理人员应了解感受件、中间件（传感、转换）、取样件的安装位置，最终在对应的控制室后台画面上显示出较准确的对应数值。

4. 安全仪表系统

为保证关键和重要设备，特别是高温、高压设备的安全可靠连续长周期运行，各单元还设置了独立于 DCS 系统的安全仪表系统，完成本装置与安全相关的紧急停车和紧急泄压，以保证操作人员及设备的安全。

为保证生产管理人员及装置的安全和保护环境，设置可燃气体监测系统。

安全仪表系统原则上按故障安全型设计，由双重化或三重模块化冗余容错结构的可编程序控制器实现。

安全仪表系统能和 DCS 系统实现实时数据通信，具有顺序事件记录功能。

5. 现场仪表

就地温度指示仪表一般选用带外保护套管的 $\phi 100$ mm 万向型双金属温度计。集中检测温度仪表一般场合选用热电偶、热电阻和一体化温度变送器，热电阻选用 PT 100 三线制热电阻。

就地压力仪表一般选用 $\phi 100$ mm 不锈钢弹簧管压力表，远传压力（差压）测量选用智能压力（差压）变送器。

流量测量以智能型质量流量计和涡街流量计为主，并适当采用节流装置配差压变送器。

就地指示液位仪表一般选用磁浮子液位计，远传指示液位仪表一般选用双法兰差压液位变送器。

装置设氧化锆分析仪、SO_2 气体分析仪、烟气连续监测系统分析小屋，分别对特定成分进行分析，提供准确分析数据，作为操作人员调整工艺参数的依据。

装置现场锅炉系统仪表以隔爆型仪表为主，其余仪表以非防爆型为主。所有常规在线控制通过 DCS 系统控制站来完成。

二、仪表工程特点

热电联产装置热工仪表的数量较多，敷设、接线的电缆量非常大，并且很多仪表设备为进口，要求承担安装施工的单位有雄厚的技术力量和丰富的安装经验，同时也对监理工作提出了更高的要求。

多数仪表属精密仪表，价格昂贵，既怕摔怕震又要防雨防潮，在装卸、运输、保管、安装过程中都要十分注意安全，轻拿轻放，防止损坏。

氧化锆分析仪、可燃气体报警器等都是特殊仪表，对其安装位置、取样点位置及预处理系统都有严格要求，要引起施工安装单位关注。

仪表设备安装只有在土建、框架、设备、管道基本施工结束后才能进行，留给仪表设备安装、调试的时间很少，要求承包单位合理安排施工工期，确定详细周密的施工方案，严格按时间节点完成安装和调试任务。

装置自动化程度高，对仪表的安装质量提出了更高的要求。仪表的每一根接线是否牢固，每一联锁整定值是否准确，每一正反作用开关是否正确，都可能影响整个装置的正常试车和后续正常运行。监理人员要督促承包单位落实质量保证体系，确保每一个细节上不出质量问题。

仪表调试工作量大，仪表单校、联校、量程、报警、联锁等各种数值计算及 PID 参数设定工作繁琐、量大，且要十分精确一致。仪表启动调试工作必须按《火电工程启动调试工作规定》等四个规程的通知进行，这增加了监理的工作难度。监理单位要加强协调生产单位与承包单位的配合工作，督促施工、调试单位确定详细的调校方案，各种调校记录表格齐全，确保各种原始数据记录齐全、真实可靠。

三、监理工作要点

（1）热工仪表及控制装置安装调试执行 DL 5190.4《电力建设施工技术规范　第 4 部分：热工仪表及控制装置》，火灾自动报警系统的施工应符合 GB 50166《火灾自动报警系统施工及验收标准》的规定，交付使用前应经公安消防部门检验，批准后方可投入使用。监理人员要熟悉图纸设计意图和质量验收规范，认真检查、验收仪表进场的材料、设备质量，确保符合相关技术协议的要求。

（2）审查施工组织设计（方案）中仪表工程临时设施和场地安排并现场核查。内容包括：仪表设备库房和仪表校验室；加工预制场；材料库及露天材料堆放场地；工具房及其他设施。其中仪表校验室为重点检查对象，内容包括：室内清洁、光线、通风条件；室内温度、湿度；上下水、电源、气源等。

（3）设备到达现场后，按合同约定和商检要求进行开箱检验，按规范要求进行保管。提醒建设单位对进口仪表的图纸资料要及时收集、翻译、整理。所有仪表操作手册、使用说明书、备品备件要妥善保管，确保它们在安装、调试、维修及正常生产中的作用。

（4）安装前各类管材、阀门、承压部件应进行检查和清理，其中合金钢部件、取源管在安装前、后，必须经光谱分析复查合格，并应做记录和标志。高温高压取源阀门在安装前应按规范检验合格。

（5）严格控制仪表安装、调试、联校及试运行质量，取源部件及敏感元件安装、就地检测和控制仪表安装、控制盘柜安装、电缆敷设及接线、管路敷设、防护与接地等均按专业施工技术规范进行验收，对重点工序、关键部位设置质量控制停检点，比如：

机柜、现场仪表等进场开箱验收，安装环境、仪表供电系统、防雷接地系统的检查；

取源阀门应靠近测点，在系统压力试验前安装，并参加主设备的严密性试验。高、中压热力系统的取源阀门应采用焊接的方式连接；

气动阀门在安装前应做开、关的气动试验，落实好水、汽高压系统仪表阀门的耐压试验等工作；仪表导管安装工作量较大，监理人员要控制好仪表导管敷设，高温高压部位应对焊接工作进行全过程监控，导管应与工艺管线连通试压。

（6）仪表和控制装置的调试。

热工测量和控制设备在安装前应进行检查和校验，并应符合现场使用条件。仪表和控制设备的校验方法和质量要求应符合国家标准、国家计量技术规程的规定及制造厂仪表使用说明书的要求。

①仪表单校应符合以下要求：基本误差应符合该仪表精度等级的允许误差；变差应符合该仪表精度等级的允许误差；仪表零位正确，偏差值不超过允许误差的1/2；指针在整个行程中无抖动、摩擦和跳动现象；电位器和可调节螺丝等部件在调校后留有再调整的余地；数字显示仪表无闪烁现象；仪表校验合格后填写校验记录，要求数据真实、字迹清晰，并有校验人、质检员、技术负责人签字，注明校验日期，表体贴上校验合格证标签。

指示仪表应进行灵敏度、正行程、反行程偏差和回程差的校验。其正、反行程的基本偏差不应超过允许基本偏差。压力表在轻敲表壳后的指针位移，不应超过允许基本偏差绝对值的1/2。

数字式显示仪表应进行示值校验，其示值基本偏差应不超过仪表允许的基本偏差。其他的性能指标和功能应进行检查，符合产品技术文件的要求。显示的符号和数字应清晰、正确，无跳变现象。

记录仪表指示值的基本偏差不应超过仪表允许的基本偏差。智能型记录仪表还应检查仪表的参数设定值，并对其他功能进行检查。

变送器的基本偏差或回程偏差不应超过变送器的基本偏差。智能型变送器应进行功能检查。

小型巡测仪应进行采样速度、采样点序、选点采样、补偿、报警、自检及显示偏差的校验，校验结果应符合仪表使用说明书的要求。

分析仪表的显示仪表应按指示、数字显示、记录仪表的要求进行校验，其传感器、转换器等装置应按产品技术文件的要求进行检查或校验。

汽轮机转速、位移、振动、膨胀、偏心等监控仪表，应进行仪表值偏差、回程偏差的校验和传感器的检查，并应在专用校验台上进行传感器与显示仪表的联调。

②电源设备试验：绝缘电阻测量、整流及稳压性能试验、不间断电源的自动切换性能试验。

③综合控制系统试验

a. 硬件检查包括盘柜和仪表装置的绝缘电阻测量。

b. 接地系统检查和电阻测量。

c. 电源设备和电源插卡各种输出电压的测量和调整。

d. 全部设备和插卡的通电状态检查。

e. 系统中单台仪表的校准和试验。

f. 对装置内的插卡、控制和通信设备，操作站、计算机及其外部设备等进行状态检查。

g. 输入、输出插卡的校准和试验。软件试验包括基本功能的检查试验，控制方案、控制和联锁程序的检查。

（7）DCS 系统安装组态。

①检查 DCS 系统机柜槽钢基础平行度、水平度，每组机柜槽钢基础确保两点接地，不得串接。DCS 系统机柜安装后，按盘柜安装规范进行检查验收，同时确保柜体对地绝缘良好。柜内接地母排应使用规格合适的黄绿铜线与主接地网连接，接地电阻值应小于设计给定值。DCS 系统机柜端子接线，监理工程师应检查导线端部线鼻子是否压接牢固。监理工程师应熟悉设备的二次图，掌握本装置 DCS 系统的 I/O 点数。

②现场仪表信号进入 DCS 系统控制电缆的质量、接线、敷设、接地、屏蔽接地等应按设计和施工规范要求进行认真检查验收。

③监理人员应对 DCS 系统组态的正确性、适用性，现场仪表的量程、报警、联锁的设定值等进行抽检。若 DCS 系统组态由承包商进行，建议建设单位的系统工程师、仪表工程师早日介入，以便使组态结果适宜于工艺操作和信息向上层（生产运行管理层）传输。

④最后，还要对 DCS 系统功能进行测试检查，并与生产过程的测量回路、控制回路进行联校，以检验 DCS 系统硬件和软件的质量。

第七章　HSE 特点和监理要点

第一节　HSE 特点

一、深基坑、高大模板支撑工程多，坍塌风险高

重点关注燃料储运单元深基坑防护，煤筒仓混凝土环墙脚手架需按高大模板支撑系统进行设计施工。对此，需认真落实危大工程管理规定，按危大 / 超危大工程要求做好专项方案审查、专家论证、过程监控，防止事故发生。

二、烟囱滑模施工高坠风险大

烟囱施工超高空滑模作业，一旦发生物体坠落，其坠落半径覆盖周边施工区域大，必须采取有效的进出通道和遮挡防坠落措施。按工期要求，烟囱施工不可避免地与周边工程等形成交叉作业，尽可能将其提前实施，必要时应对相关作业区域设置隔离防护网。

烟囱的滑模提升机构（含吊篮）一般为承包单位制作的非标设备，现场组装。该滑模提升机构制作施工方案的审查，应要求提供机构的设计图纸和受力计算过程，应明确滑模提升机构的整体验收内容和程序，在组织专家论证会议的基础上，由监理和相关单位进行审核批准。滑模提升机构使用前的整体验收应作为 HSE 监理的重点予以关注。

烟囱内部衬里或防腐施工均为高空作业，安全风险因素多，应作为 HSE 监理的重点予以关注。

三、锅炉散件组装高处作业、交叉施工事故易发

锅炉本体大部分部件均在现场组装后进行分段、分批安装，高空作业多，工作面狭窄，交叉作业深，施工安全控制成为关键。

锅炉周边区域需要多台塔吊进行吊装作业。塔吊作业时间较长，不同塔吊吊臂作业区域重叠，互相碰撞风险大。一旦发生吊臂相碰，将酿成重大事故，所以必须统筹协调，错时或错位（限高）施工。

塔吊基础、组装、使用、拆卸必须严格按有关法规、规章、规范进行检查验收。

烟道安装脚手架有的高度超过 35 m，应按危大工程进行管控。

四、吸收塔内防腐易发生火灾事故

脱硫单元吸收塔内壁一般采用玻璃鳞片树脂衬里，为易燃物，需防止火灾事故发生。该吸收塔防腐前必须完成所有动火作业，经整体检查验收合格后方可开始防腐。在防腐期间和防腐后，杜绝一切火源。塔内脚手架高度为 45 m，脚手架和防腐施工需按超危大工程进行安全管控。

五、其他

大件吊装、输储煤煤仓网架安装（直径 100 m/ 高度 60 m）、射线探伤、大型机组试车、高压管道试压、高空防腐保温作业是安装施工阶段的 HSE 监理重点内容。

第二节　HSE 监理工作内容

一、施工准备阶段 HSE 监理的主要工作

（1）进行危险源识别和危大工程分析。涉及生产装置边生产、边施工或有易燃易爆介质的场所施工，应将其确定为危大工程或超危大工程。

（2）编制危大工程安全监理实施细则。

（3）审查承包单位现场安全生产管理体系建立情况，包括资质文件、安全生产许可证；项目经理和专职安全生产管理人员的资格（上岗证）是否合法有效且与投标文件相一致；电工、架子工、起重工、塔吊司机及指挥人员、爆破工、无损检测等特种作业人员的操作证是否合法有效（通过官网查询，截图确认）。

（4）审查分包单位资质，包括营业执照和施工资质证书原件；法人单位确认的授权委托书；安全生产许可证；施工简历和近三年安全施工记录；安全施工的技术素质

（包括负责人、工程技术人员和工人）及特种作业人员取证情况；安全施工管理机构及其人员配备（30 人以上的分包单位必须配有专职安全员，设有二级机构的分包单位必须有专职的安全管理机构）；保证安全施工的机械（含起重机械安全准用证）、工器具及安全防护设施、用具的配备；安全文明施工管理制度。

（5）审查施工组织设计中的安全技术措施和危大工程安全专项施工方案是否符合工程建设强制性标准要求。对超危大工程的专项施工方案应进行专家论证，安全验算结果、审批手续应符合相关规定。

凡在运行的老装置区域内施工作业，又无法实施区域隔离的，必须由生产企业和承包单位共同确定安全措施和施工方案，并逐条落实，检查确认。

深基坑、起重作业等方案的审查，总监理工程师应组织相关专业人员到现场踏勘，熟悉对相邻建筑物、设备、架空电缆和管线等的不利影响并采取可靠的避让或防护措施。

（6）以下重要临时设施、重要施工工序、特殊作业、危险作业项目应督促承包单位编制专项安全技术措施。

①重要临时设施：施工供用电、氧气、乙炔及其管线，作业棚，加工间，起重运输机械，位于地质灾害易发区项目的灰场，油库，危险品库，放射源存放库和锅炉房等。

②重要施工工序：大型起重机械安装、拆除、移位及负荷试验，特殊杆塔及大型构件吊装，高塔组立，预应力混凝土张拉，汽轮机扣大盖，发电机穿转子，发电机大型部件吊装，大板梁吊装，大型变压器运输、吊罩、抽芯检查、干燥及耐压试验，大型电机干燥及耐压试验，锅炉大件吊装及高压管道水压试验，高压线路及厂用设备带电，主要电气设备耐压试验，临时供电设备安装与检修，汽水管道冲洗及过渡，重要转动机械试运，主蒸汽管吹洗，锅炉升压，安全门整定，油循环，汽轮发电机试运，燃气管道吹扫，燃气、氢气、氧气等投运，发电机首次并网，高边坡开挖，爆破作业，高排架、承重排架安装和拆除，大体积混凝土浇筑，大坎、悬崖部分混凝土浇筑等。

③特殊作业：大型设备、构件起吊运输（超重、超高、超宽、超长物件），爆破、爆压及在金属容器内作业，高压带电线路交叉作业，邻近超高压线路施工，进入高压带电区、电厂运行区、电缆沟、氢气站、乙炔站及带电线路作业，接触易燃易爆、剧毒、腐蚀剂、有害气体或液体及粉尘、射线作业等，季节性施工，多工种立体交叉作业及与运行交叉的作业。

④危险作业项目：起重机满负荷起吊，两台及以上起重机抬吊作业，移动式起重机在高压线下方及其附近作业，起吊危险品，超重、超高、超宽、超长物件和精密、价格昂贵设备的装卸及运输，油区进油后明火作业，在发电、变电运行区作业，高压带电作业及邻近高压带电体作业，特殊高处脚手架、金属升降架、大型起重机械拆卸、组装作业，水上、水下作业，沉井、沉箱、金属容器内作业，土石方爆破，国家和地

方规定的其他危险作业。

（7）督促施工承包单位做好逐级安全技术交底和经常性的安全教育培训工作。

（8）督促检查施工承包单位安全生产防护措施费用计划落实情况。

（9）施工图会审及现场交底时，发现施工图不符合有关工程建设法律、法规、强制性标准规定或缺乏可施工性，应及时向建设单位书面提出要求修改；发现现场存在较大施工安全风险时，向施工承包单位或建设单位书面建议完善施工方案或修改设计。

（10）审查施工承包单位是否有针对工程特点和施工现场实际确定的应急救援预案和相应的应急救援体系。

（11）审核现场安全防护是否符合投标文件和 DL 5009《电力建设安全工作规程》要求。

（12）配合建设单位组建一体化 HSE 监理体系，实施现场安全监理奖惩办法。

二、施工阶段安全监理的主要工作

（1）检查承包单位安全生产保证体系的运行情况，检查下列主要内容：

①安全生产管理制度落实情况。

②现场安全生产管理人员到岗履职情况。特种作业人员的人证是否相符。

③作业人员的安全教育培训记录。

④施工安全技术交底记录。

⑤施工现场的安全标志设置情况。

⑥隐患排查及治理情况。

⑦安全自查（班组检查、项目部检查、公司检查）及问题整改情况。

（2）监督施工承包单位按照国家有关法律、法规、工程建设强制性标准和经审查同意的施工组织设计和专项施工方案组织施工，制止违规作业。对复杂自然条件、复杂结构、技术难度大及危大工程专项施工方案的实施进行现场监理。对工程重要部位、关键工序、特殊作业和危险作业进行旁站监理。

（3）审查安全防护设施布置方案并督促实施。

安全防护设施主要指施工现场为预防施工中发生人员伤亡事故而设置的各类设施。应重点审查施工组织设计或施工方案中防护栏杆、孔洞盖板、安全网、安全自锁器、安全绳、安全通道的布置数量和方式与规程规范的符合情况。

督促施工承包单位做好"四口"、"五临边"、高处作业、射线探伤、单机试车、系统试验吹扫等危险部位的安全防护工作，并设置明显的安全标志。

检查承包单位对现场的防洪、防雷、防滑坡、防坠落等的有效控制，建立良好的工作环境。

（4）核查主要施工机械、工器具和安全用具的安全性能证明文件，核查施工机械和设施的安全许可验收手续。审查承包单位报送的大中型起重机械、脚手架、跨越架、施工用电、危险品库房等重要施工设施投入使用前安全检查签证申请，包括现场施工起重机械、整体提升脚手架、模板等自升式架设设施和脚手架、基坑支护等的安全设施的合格证、自检记录，第三方检测、验收、准用手续等，并组织进行安全检查签证，通过后准许使用。

（5）对施工现场安全生产管理情况进行巡视检查。巡视检查包括下列主要内容：

①专项施工方案的实施情况。

②现场特种作业人员持证上岗情况。

③安全设施、安全标志的设置情况。

④交叉作业和工序交接中的安全施工措施落实情况。

⑤安全工器具配备和使用情况。

监理机构每周组织承包单位进行一次安全施工检查，形成施工现场安全巡查记录，督促整改到位。

对危大工程不按专项方案实施或存在其他安全隐患，签发监理通知单要求整改，并同时抄报建设单位。承包单位拒不整改的，及时向建设单位报告；提请建设单位立即责令承包单位停工整改直至向建设行政主管部门报告。否则，总监理工程师应签发工程暂停令，并抄报建设单位。

（6）生产装置区内挖掘机进场作业须进行申报。依据《建设工程安全生产管理条例》，提请建设单位相应管理部门提供施工现场地下设施资料或进行勘探，并进行现场交底。承包单位先人工挖探沟确认地下电缆、管线等设施情况，报批施工方案后方可安排机械开挖。挖掘机进场应办理施工许可手续，建议建设单位统一要求，门卫进行联控。

（7）督促承包单位报送土建交付安装、安装交付调试及整套启动等重大工序交接前安全检查签证申请，并组织进行安全检查签证，通过后准许进行下一道工序施工。

（8）在监理例会上将安全生产列入会议主要内容之一，评述现场安全生产现状和存在问题，提出整改要求，确定预防措施，使安全生产工作落到实处。

（9）检查安全文明施工措施费的使用情况，落实专款专用。对未按照规定使用该费用的或挪作他用的，总监理工程师应予以制止，并向建设单位报告。

（10）检查消防设施、消防标志、施工现场消防通道和消防水源是否满足消防要求。

（11）发生安全事故或突发性事件时，应当立即向公司领导报告并下达工程暂停令，督促承包单位立即向建设单位和当地建设行政安全监督部门和有关部门报告；配合有关单位做好应急救援和现场保护工作；协助事故调查处理。

第三节　HSE 监理工作要点

一、严格核查承包单位管理体系

（1）开工前重点审查其合规性和完整性，督促施工总承包单位对分包单位的安全生产工作实行统一领导、统一管理。

审查安全生产许可证是否完备有效；现场安全生产管理机构组成是否完善，重点审核承包单位项目经理和 HSE 经理、HSE 工程师的资格（上岗证）是否合法有效且与投标文件相一致，专职安全生产管理人员的配置数量应符合《建筑施工企业安全生产管理机构设置及专职安全生产管理人员配备办法》的要求；审查安全管理制度的建立和实施情况；核查电工、架子工、起重工、塔吊司机及指挥人员、爆破工、无损检测人员等特种作业人员操作证是否合法有效。专职安全生产管理人员和特种作业人员的证件应在有关官网查询并截图比对，防止弄虚作假。

（2）施工期间重点进行动态核查，如人证是否相符，证件是否到期，是否超越证件允许范围作业等。

（3）安全管理体系核查时应形成安全管理体系核查表，具体见表 7-1。

表 7-1　安全管理体系核查表

工程名称		开工日期	
承包单位	（盖章）	施工许可证号	
项目经理	（签名）	证件及编号	
安全负责人		证件及编号	
序号	核查项目	核查内容	核查情况
1	承包单位资质	是否超范围经营	

续表

序号	核查项目	核查内容	核查情况
2	承包单位的安全生产许可证	是否超范围，是否存在过期、转让和冒用现象	
3	承包单位的安全生产保证体系认证	有无，是否认证	
4	现场安全生产管理机构及人员配备	机构是否健全，人员配置数量是否符合规定	
5	项目经理和专职安全生产管理人员证件及到位情况	人员是否到岗，是否与投标文件一致；是否有相应的 A、B、C 证	
6	安全生产责任制和管理制度	有无，是否齐全	
7	施工安全责任书和协议	是否签订	
8	特种作业人员操作证	有无，是否过期	
9	施工人员安全教育培训	是否进行，有无记录	
10	施工组织设计中的安全技术措施或专项施工方案	有无，是否报审	
11	施工机械、安全设施验收管理	验收手续是否齐全，落实到人	
12	安全文明施工措施费使用计划	有无，是否切合实际	
13	应急救援预案和体系	有无，是否落实	
14	危险作业人员意外伤害保险	是否有保险	

监理分项核查人：（签名）

核查结论：

总监理工程师：（签名）

日　　期：

本表由承包单位填写并附相关资料报送监理机构，安全监理人员分项核查并填写核查情况，总监理工程师填写核查结论。

二、危大工程管控

依据《危险性较大的分部分项工程安全管理规定》（住房城乡建设部令第 37 号）及《关于实施〈危险性较大的分部分项工程安全管理规定〉有关问题的通知》（建办质〔2018〕31 号），对危大工程进行重点管控。

结合热电联产装置的特点，在充分进行危险源识别的基础上编制危险性较大的分部分项工程一览表，包括危大工程名称、所在部位、危险性特征参数、防控措施等。要求承包单位做好危大工程的管控措施。

热电联产装置危大工程涉及烟囱基础、地下廊道等深基坑工程，汽轮发电机主厂房、脱硫塔等脚手架、高支模工程，汽包、机组、塔吊群等吊装工程，以及易燃易爆的玻璃鳞片防腐工程，无损检测、试车、试压工程等。达到一定规模的危险性较大的安装工程依据 DL 5009《电力建设安全工作规程》确定为：

（1）顶板梁、汽包吊装就位。

（2）锅炉水压试验。

（3）燃机、发动机定子吊装。

（4）除氧器、高低压加热器吊装。

（5）厂用电受电。

（6）燃气系统。

（7）锅炉酸洗作业。

（8）锅炉、汽轮机管道吹扫。

（9）甩负荷试验。

超危大工程重大风险控制计划见表 7-2。

表 7-2

超危大工程重大风险控制计划

工程名称：

日期：　　　年　　　月　　　日

序号	超危大工程名称	相关规定	危险特征描述	工程部位及结构参数	风险控制措施
一	深基坑工程	（1）开挖深度超过 5 m（含 5 m）的基坑（槽）的土方开挖、支护、降水工程； （2）开挖深度虽未超过 5 m，但地质条件、周围环境和地下管线复杂，或影响毗邻建（构）筑物安全的基坑（槽）的土方开挖、支护、降水工程	坍塌、人身事故	（1）烟囱基坑开挖深度约为 5 m； （2）输储煤煤仓、地下通道基坑深度约为 8 m； （3）汽轮机主厂房基坑深度约为 6 m	承包单位编制专项施工方案，深基坑方案中要有降水和支护措施，并组织专家论证，提交论证报告；方案经承包单位技术负责人、总监理工程师、建设单位项目负责人签字后方可实施。实施前，方案编制人员或项目技术负责人应向现场管理人员和作业人员交底；施工中，承包单位应指定专人进行现场监督、监测。 监理机构编制 HSE 监理实施细则，加强实施过程巡检，严格按方案实施。对不按专项方案施工的，责令整改，必要时报告建设单位，发出停工令。
二	模板工程	（1）混凝土模板支撑工程：搭设高度为 8 m 及以上，搭设跨度为 18 m 及以上，施工总荷载为 15 kN/m² 及以上，集中线荷载为 20 kN/m² 及以上； （2）工具式模板工程：大模板、滑模、爬模、飞模工程	坍塌、人身事故	（1）220 kV 总变电所； （2）输储煤煤仓； （3）汽轮机主厂房：支模高度 17.8 m； （4）烟囱爬模	
三	承重支撑体系	用于钢结构安装等满堂支撑体系，受到单点集中荷载 700 kg 以上	坍塌、人身事故		
四	起重吊装及安装拆卸工程	（1）起重量为 600 kN 及以上起重设备的安装工程；高度为 200 m 及以上内爬升起重设备的拆除工程； （2）采用非常规起重设备、方法、单件起吊重量为 100 kN 及以上的起重吊装工程	人身事故、物体打击	输储煤煤仓网架安装、锅炉汽包吊装	
五	脚手架工程	（1）搭设高度为 50 m 及以上的落地式钢管脚手架工程； （2）架体高度为 20 m 及以上的悬挑式脚手架工程； （3）提升高度为 150 m 及以上的附着式升降脚手架工程或附着式升降操作平台工程	坍塌、物体打击、人身事故	（1）汽轮机主厂房； （2）脱硫塔； （3）锅炉钢结构脚手架； （4）烟囱脚手架	

续表

序号	超危大工程名称	相关规定	危险特征描述	工程部位及结构参数	风险控制措施
六	拆除、爆破工程	(1) 采用爆破拆除的工程；(2) 码头、烟囱、水塔、高架或拆除中容易引起有毒有害气（液）体或粉尘扩散、易燃易爆事故发生的特殊建（构）筑物的拆除工程；(3) 可能影响行人、交通、电力建设、通信设施或其他建（构）筑物安全的拆除工程	坍塌、物体打击、火灾、爆炸、人身事故	老厂区改造工程	脚手架宜采用 φ48.3 mm×3.6 mm 的钢管，长度宜为 4～6.5 m 及 2.1～2.8 m。扣件应有出厂合格证，螺栓拧紧扭力矩达到 65 N·m 时不得发生破坏
七	其他	跨度为 36 m 及以上的钢结构安装工程；跨度为 60 m 及以上的网架和索膜结构安装工程	人身事故	(1) 输储煤煤仓网架安装；(2) 汽轮机主厂房行车梁安装；(3) 煤栈桥安装吊装；(4) 锅炉主梁、顶棚安装	
		开挖深度为 16 m 及以上的人工挖孔桩	坍塌、人身事故	老厂区改扩建工程	
		施工高度 50 m 及以上的建筑幕墙安装工程	物体打击、人身事故	厂前区综合楼	
		地下暗挖工程、顶管工程、水下作业工程	坍塌、人身事故	老厂区改扩建工程、码头工程	
		易燃易爆区作业	火灾、爆炸	(1) 脱硫塔防腐玻璃鳞片作业；(2) 储罐防腐玻璃鳞片作业；(3) 易燃易爆生产区改造工程	
八	高风险特殊工程	γ源无损检测作业	人身伤害	设备、管道探伤	检测单位编制专项方案，并报监理机构、建设单位、政府部门批准；实施前，方案编制人员或项目技术负责人应向现场管理人员和作业人员交底；提前按照规定要求撤离影响区域内的人员并警示；检测中，检测单位指定专人进行现场监督、检测

三、HSE 监理重点工作

1. 烟囱施工

（1）编制烟囱 HSE 监理实施细则，作为烟囱监理的操作性文件。

（2）筒身施工时应划定危险区并设置围栏，悬挂警示牌。当烟囱施工在 100 m 以下时，其周围 10 m 范围内为危险区；当烟囱施工到 100 m 以上时，其周围 30 m 范围内为危险区。危险区的进出口处应设专人管理。出入口应设置安全通道，搭设安全防护棚，其宽度不得小于 4 m，高度以 3~5 m 为宜。施工人员必须由通道内出入，严禁在通道外逗留或通过。

（3）基础钢筋网绑扎应设附加钢骨架、剪刀撑或马凳。钢筋网与钢骨架未固定时，严禁人员上下。在钢筋网上行走应铺设通道。当烟囱基础钢筋支撑高度超过 2 m 时，需要重点关注钢骨架、剪刀撑或马凳的制作安装，以及钢筋绑扎过程的安全管控，提请土建监理工程师严格按照专项方案施工，保证其承载力，并禁止在上面堆积钢筋。

（4）乘人吊笼的钢丝绳安全系数不得小于 14。要求承包单位将吊笼、滑模提升系统的相关情况向政府相关部门进行报备，或形成专题报告报给建设单位，说明过程情况及有关规定要求，提请建设单位组织有关单位进行验收后方可使用。

（5）针对 180 m 烟囱滑模施工的危险性特点，组织编制滑模组装操作平台安全验收表、烟囱滑模提升系统检查确认表、烟囱滑模提升系统试验确认表、烟囱吊笼提升系统检查确认表，经建设单位、监理单位、承包单位讨论定稿，并按表格内容逐项进行检查、签认，具体表格见表 7-3~表 7-6。

（6）审核滑模提升系统、吊笼提升系统的试验方案，并督促承包单位按照方案进行试验验收。

（7）进行下列工作时必须填写安全施工作业票：①施工平台试压，扒杆试吊；②乘人吊笼超载试验；③施工平台调整；④施工平台和井架拆除。

表 7-3　　　　　　　　　　滑模组装操作平台安全验收表

工程名称：			验收部位	烟囱
承包单位：		项目负责人：		
序号		检查项目	验收结果	
1	施工前准备及检查	滑模工程有无专项施工方案，是否组织专家评审，并获得批准		
		是否制定滑模装置组装和拆除方案及有关安全技术措施		
		施工过程中结构物和施工操作平台的稳定及纠偏、纠扭等技术措施		

续表

序号		检查项目	验收结果
1	施工前准备及检查	滑模操作平台设计计算书	
		制作滑模平台的各部件材料、紧固件、模板系统是否满足设计要求	
		平台各部件焊接、螺栓连接是否符合设计要求	
		滑模施工前是否进行安全技术交底	
		滑模施工作业是否设专人进行安全检查	
		从事高处作业的人员是否进行了体检	
		液压提升系统、千斤顶是否自检合格	
		吊笼安装是否经检验合格	
2	操作平台	木板铺设是否平整、稳固	
		是否设置内、外平台挡脚板	
		拉设的阻燃型密目式立网是否严密	
		机械、材料是否定置摆放	
		消防器材和沙箱是否完好，是否定置摆放，放置位置是否无遮挡、拿取方便	
		气瓶使用是否符合安全使用要求	
		顶部提升操作平台静载试验是否合格	
		顶部提升操作平台施工载荷分布是否均匀，是否设置限载标志并由施工单位专人管理	
		顶部提升操作平台水平度测试是否合格	
3	内外吊挂	吊挂板铺设是否平整、稳固、无缝隙	
		内外吊挂拉设的密目网、水平网是否严密，是否兜底满挂。安全网片等强连接，连接点间距与网结间距是否相同，安全网是否为阻燃型	
		下人孔是否关闭严密	
		直爬梯是否完好	
		内外吊挂焊接是否达到要求	

续表

序号		检查项目	验收结果
4	用电设备线路、照明	焊机是否完好	
		配电箱接线情况、漏电开关是否完好有效	
		振动棒是否完好	
		上下通道、操作平台的照明是否充足、内外吊挂照明是否完好	
		地面各配电箱接线是否规范，漏电开关是否完好，保护接地、接零情况	
		地面各用电设备是否完好	
5	吊笼	是否按《吊笼安全检查表》进行了检查	
		防雷接地措施落实情况及测试	
		吊笼检查、维护保养记录	
6	其他	烟囱防雷接地情况	
		安全通道防护棚搭设情况	
		监护人员落实情况及消防知识应知应会情况	
		是否按《高处作业安全检查表》进行了检查	
		烟囱周边禁区是否封闭严实	
		安全通道两侧是否封闭严实	
		文明施工情况	
		上下通道的防护措施是否落实	
验收结论			

验收日期： 年 月 日

承包单位	监理单位	建设单位
（公章） HSE 经理： 施工经理： 项目经理： 年　　月　　日	（公章） HSE 工程师： 项目总监： 年　　月　　日	（公章） HSE 主管： 年　　月　　日

表 7-4　　　　　　　　　　　　烟囱滑模提升系统检查确认表

序号	检查内容	检查结果	备注
1	方案是否经过专家论证，是否报批		
2	是否按照论证的方案图纸安装		
3	主结构材料是否报审、报验、复试、检测		
4	特种作业人员、安装人员是否具备资质		
5	检查提升架、操作架、辐射梁等受力部件焊缝是否有缺陷，是否经过着色检测，结构是否完好		
6	检查辐射梁、支（拆）模平台焊接是否牢靠		
7	检查连接销子、螺栓有无损坏及裂痕，螺栓是否符合要求，螺栓扭力矩是否符合要求		
8	检查提升丝杆、提升丝母是否进行润滑		
9	检查中心鼓圈、操作架的标高，辐射梁挠度、垂直度以及半径		
10	顶升千斤顶是否符合方案要求，是否报验		
11	滑模平台栏杆材料是否符合方案要求，是否报验		
12	滑模平台是否按照专项方案要求配备灭火器		
13	检查电气系统绝缘情况是否良好，电机转动是否一致，提升杆运行是否顺直，行程开关是否可靠，各指示灯指示是否正确，限位装置、控制开关是否灵敏、可靠		
14	风速仪是否配置，是否有效		
15	航空标志、防雷接地是否配置，是否有效		

续表

序号	检查内容	检查结果	备注
16	视频监控是否有效、可靠		
17	内外吊挂、开口架、角架下反井架、斜拉杆的材料是否报验，安装是否满足设计要求		
18	平台板是否满足方案、图纸要求		
19	内外吊挂脚手板是否满足要求		
20	安全平网、密目网是否报验，是否满足要求，是否为阻燃型		
验收结论			

承包单位	监理单位	建设单位
（公章） HSE 经理： 施工经理： 项目经理： 　　年　月　日	（公章） HSE 工程师： 项目总监： 　　年　月　日	（公章） HSE 主管： 　　年　月　日

表 7–5　　　　　　　　　　烟囱滑模提升系统试验确认表

试验项目	试验方法	负荷率/%	实际载荷	检查结果
1. 空载试验	同时开动 48 组千斤顶，使操作架带动整个平台机构缓慢上升，在上升 200 mm 以后停止，检查各受力点的情况，确认无误后继续提升，直至最大行程处。同时检查 48 组千斤顶的同步性，确认无误后检查电气、机械、焊接等重要部位，均确认无误后再进行加载负荷试验	自重负荷试验，无荷载		

续表

试验项目	试验方法	负荷率 / %	实际载荷	检查结果
2. 静荷载试验	将施工平台提升 400 mm，加载荷载进行静荷载试验。派 10 人监护提升架，及时检查平台各部分的牢固程度，如操作架和提升架是否变形，焊口是否开裂，辐射梁弯曲挠度是否超过计算长度的 1/1 000，斜拉索是否松动，其受力是否均匀，钢丝绳是否滑脱，夹头是否有裂纹、是否松动，所有螺栓是否有变化，以及中心鼓圈的下沉量。30 分钟试验结束后填写试验记录表格	80		
		100		
		125		
3. 动荷载试验	提升平台时将千斤顶周围以及轨道模两侧影响提升的障碍物清理干净。将平台提升 400 mm，除检查与静荷载相同的各项内容外，还应检查槽钢是否变形，提升是否同步，线路走向是否合理，各种电气元件是否正常，上下连接销轴是否在一条轴线上，检查无误后将平台提升 1 500 mm，继续检查确认无误后，试验结束，填写试验记录表格	110		
4. 平台水平度测试及观测点设置				

验收结论

承包单位	监理单位	建设单位
（公章） HSE 经理： 施工经理： 项目经理： 　年　月　日	（公章） HSE 工程师： 项目总监： 　年　月　日	（公章） HSE 主管： 　年　月　日

表 7-6 　　　　　　　　　　　　　烟囱吊笼提升系统检查确认表

序号	检查内容	检查结果	备注
1	是否按照方案、图纸安装，配置是否齐全		
2	3m×1.2m×1.2m 吊笼焊缝是否进行检测、报审		
3	3m×1.2m×1.2m 吊笼 50m 处是否经过第三方检测		
4	井架是否按照图纸组装		
5	检查钢丝绳是否有断丝、断股、曲折、折弯、散股、缩径、磨损、锈蚀超标现象，使用的绳卡和钢丝绳是否有出厂合格证，是否报验，绳卡与钢丝绳是否匹配		
6	卷扬机、起重扒杆、钢筋提升滑轮、小吊抱杆（108 钢管）、吊笼防坠器等是否报验		
7	¢15 吊笼钢丝绳、¢19.5 柔性索道钢丝绳、¢13.5 小吊钢丝绳是否报验，是否进行破断拉力检测		
8	卷扬机、起重扒杆、钢筋提升滑轮等其他部件是否有安全隐患		
9	检查电气系统绝缘情况是否良好，行程开关是否可靠，各指示灯指示是否正确。限位装置、吊笼门、联锁装置、吊笼防坠器、控制开关、吊笼防震装置是否灵敏可靠		
10	地锚、定向预埋件是否按照方案、图纸施工，验收记录是否齐全		
11	限位器、联锁装置是否报验，导向滑轮配置是否完整有效		
12	外提升装置是否按照方案、图纸施工		
13	外提升装置性能是否达到方案要求		
14	1.25 倍静载试验是否符合要求		
15	1.10 倍动载试验是否符合要求		
16	操作人员是否具备资质		
17	操作规程是否符合要求		
18	通信、联络对讲机、响铃配置是否满足要求		
19	是否设置吊篮警示标志，限载人数及重量是否明确		
20	起重提升系统埋设地锚（导向轮固定点、卷扬机安装固定点）拉力试验是否合格		
21	导向滑轮起重载荷是否匹配，安装是否合格		

序号	检查内容	检查结果	备注
22	起重桅杆质量证明文件是否报验，安装是否合格		
23	载人/载货吊笼提升系统及桅杆起重垂直运输系统顶部及吊笼提升系统底部限位安全装置是否设置，检查测试是否合格		
24	卷扬机、钢丝绳、导向轮等起重设备、吊索具是否报验合格，规格、型号是否满足施工方案要求		
25	卷扬机安装是否合格（是否固定安装、是否设置防位移安全装置，并处于合格有效状态）		
26	各起重操作岗位是否设置紧急开关，并处于合格有效状态		
27	各起重操作岗位是否定人定岗，是否持证上岗，是否配备通信工具，是否设置安全操作规程		
验收结论			

承包单位	监理单位	建设单位
（公章） HSE 经理： 施工经理： 项目经理： 年　月　日	（公章） HSE 工程师： 项目总监： 年　月　日	（公章） HSE 主管： 年　月　日

2. 塔吊起重施工

现场使用的塔吊属于特种设备，其特点是现场安装、现场拆卸、使用区域固定。起重施工是对吊装作业与工件（设备、构件等起重吊装的对象）的装卸及场内运输作业的统称。

（1）审查塔吊安装和使用单位的安全保证体系

督促塔吊安装和使用单位（工程承包单位）按国家及地方政府有关起重机械监督管理的规定和规范、标准建立塔吊的检查、维修和起重施工的管理制度。落实各级有关人员名单和责任范围及作业人员的操作岗位，其有关资质应符合以下要求：

企业资质：安装单位应具有建筑塔吊安装、拆卸专项资质和安全生产许可证。

人员资质：负责塔吊和起重施工的企业项目负责人、专职安全生产管理人员、专业技术人员资质应符合投标文件要求。建设单位负责人、项目负责人和专职安全生产管理人员应分别具有建设主管部门核发的 A、B、C 类"安全生产考核合格证书"。安装拆卸工、起重信号工、起重司机、司索工等操作人员，应取得特种作业操作资格证书。

监理机构应对塔吊安装单位和使用单位以及起重承包单位的专项资质和人员资质进行事前审查，并在施工过程中进行复核，保证体系有效运转。

（2）审查拟进场使用的塔吊的备案证明

塔吊进场前，监理机构应审查塔吊产权单位工商注册所在地县级以上地方人民政府建设主管部门核发的备案证明。为保证其真实性，监理机构可要求其同时提供塔吊制造许可证、产品合格证、制造监督检验证书等资料。

塔吊达到一定的使用年限，产权单位应按 JGJ/T 189《建筑起重机械安全评估技术规程》，委托具有资质的安全评估单位进行安全性能评估。监理机构在审查备案证明时，应要求使用单位同时提供评估资料。

（3）合同资料核查

塔吊使用单位应与安装单位签订合同和安全协议书，并将该合同及协议书报送监理机构核查。

（4）方案审查

塔吊安装前，安装单位应编制安装、拆卸专项方案，使用单位应编制起重施工方案，方案应包括安全生产事故应急救援预案。

吊装过程出现以下情形时按超危大工程管理，监理机构应要求使用单位编制专项方案并组织专家论证。①多台塔吊交叉作业可能发生相互干涉的；②邻近的构筑物在起重工作半径内的；③外输电线路与起重机械工作范围达不到安全距离的；④城市主要通道在起重机械工作半径范围内通过的。

群吊方案要按照场地平面布置、施工环境数据编制，要采取有可操作性的技术措施，如相邻塔吊高度错位、缩短起重臂长度、按规范设置连墙件等。

方案经使用单位审签后报监理机构审核。监理人员应认真勘察现场情况，严格审查施工起重机械安装、拆卸和起重方案的合规性、安全性、针对性。

督促使用单位签订交叉作业协议书，明确塔吊管理总协调人，对塔吊运行负责，建立群吊指挥、协调机制。

设置群吊视频监控系统，做到塔吊司机对现场可视操作，防止碰撞。

（5）参与塔吊的验收，重点核查其验收手续

安装工作结束后，使用单位应委托检测机构对已安装的塔吊进行检验，并由检测机构出具检测报告。

使用单位在接到检测合格的报告后，组织施工塔吊的验收工作，参加单位应有建设单位、产权单位（出租单位）、安装单位、监理单位，各单位应在验收报告上签署验收意见。

使用单位向监理单位提出塔吊报验，并提供检测报告、四方会签的验收报告、验收过程中各方提出的安全问题整改一览表三个附件。监理单位应核查整个验收手续是否齐全，验收人员是否符合法规要求。

塔吊在使用单位向工程所在地县级以上地方人民政府建设主管部门办理使用登记，核发登记标志后方可使用。

（6）重点监控安装、拆卸和起重施工作业过程

①监督检查使用单位的安全管理行为

经监理机构确认的安全生产管理和施工作业人员应到达现场组织施工作业，如有人员变化应及时向监理机构重新报审。

监督安装单位、使用单位按已批准的专项方案实施作业。作业前，方案编制人员应向作业人员进行现场技术交底，并做好交底记录。吊装前，使用单位应组织进行条件确认，包括地基处理、吊索具质量、环境影响、地锚、拖拉绳，并形成吊装前检查确认表。

塔吊升高加节时应按规定做好相关验收工作，每一次加节完毕后，安装单位应当进行自检并做好记录，使用单位应当组织验收，合格后方可投入使用。

②强化安全监理行为

建立塔吊、特殊工种人员、安全生产管理人员动态管理台帐，准确记录塔吊的安装位置、型号规格、额定起重量，检定周期、备案有效期、特种作业人员和安全生产管理人员姓名、资质、有效期等内容，定期进行清查，防止设备与人员超期服役。

需要进行专家认证的吊装方案，监理机构应编制相应的监理实施细则，明确具体的监理工作方法和控制措施。在吊装过程中，监理人员宜现场旁站，监督使用单位按吊装方案组织吊装。

加强日常巡视检查力度，形成检查记录。对于特别关键、特别重要的岗位，监理人员应要求特殊工种人员在检查记录上签证。监理单位应定期组织使用单位和建设单位进行专项安全检查。检查使用单位的日常维修记录和周检记录；检查塔吊运行工况和起重施工情况。对存在严重安全隐患的作业行为、管理行为，监理工程师应及时向使用单位签发监理通知单，要求其立即整改，如拒不整改，监理机构应及时向建设单位书面报告。

塔吊和起重施工监理资料一览表见表7-7。

表 7-7　　　　　　　　　　塔吊和起重施工监理资料一览表

序号	资料类别	资料名称	备注	审查	查验
1	设备资料	特种设备制造许可证	出厂随机资料		√
		产品合格证	出厂随机资料		√
		制造监督检验证明	出厂随机资料		√
		备案证明	县级以上地方人民政府建设主管部门核发		√
2	方案	塔吊的安装、拆卸方案，应急救援预案	安装单位编制	√	
		起重施工方案、应急救援预案	使用单位编制	√	
		超危大工程专项方案	使用单位组织专家认证	√	
3	使用告知	使用告知书	由使用单位向建设主管部门告知，主管部门签字		√
4	企业资质	使用单位、安装单位的安全生产许可证	省级以上地方人民政府建设主管部门颁发		√
5	人员资质	专职安全生产管理人员安全生产考核合格证书	建设主管部门核发		√
		安装人员特种作业操作资格证书			√
		起重信号工特种作业操作资格证书			√
		起重司机特种作业操作资格证书			√
		司索工特种作业操作资格证书			√
6	合同文件	安装、拆卸合同及安全协议书			√
7	验收资料	安装检测报告	有资质的检测单位		√
		联合验收报告	四方验收		√
8	许可	使用登记标志	县级以上地方人民政府建设主管部门核发		√
9	其他	维护保养制度，安装、拆卸及使用过程的检查、整改资料			√
10	监理文件	监理实施细则	监理机构编制		√
		监理台账			
		检查记录			
		旁站记录			

3. 地下廊道深基坑施工

（1）要求施工总包单位提前编制专项施工方案，报监理单位组织初审，并按照初审意见进行修改完善；督促施工承包单位对超危大工程组织专家论证，由监理单位对专家论证意见及整改完善情况进行核查。

（2）结合施工方案编制地下廊道监理实施细则，作为 HSE 监理的操作性文件。

（3）督促承包单位按照方案落实机具设备、支护、排水、检测措施；施工承包单位安全生产管理人员到场，监护人员全程监控。

（4）督促承包单位按规范要求对基坑进行监测，并对上报的监测数据进行分析，当发现变形超过标准时，应立即采取有效措施或者暂停作业。

（5）对变形超过标准要求的基坑应编制加固方案，并由监理机构进行审查，建设单位同意后实施。

（6）现场设置危险性较大工程告示牌。

（7）每天巡查 2 次深基坑作业情况，填写危险性较大工程巡视记录。

4. 脱硫塔

脱硫塔一般采用倒装法组装，塔内须进行玻璃鳞片防腐作业。要求施工承包单位提前编制脱硫塔安装、塔内 24 m 以上脚手架搭设、玻璃鳞片防腐作业专项施工方案，并报监理机构审查。

严格按照施工方案落实机具、设备、人员的报备，检查并调试设备，提升设备的安全性、可靠性，带板提升作业支点要牢固。

塔内作业严格按照受限空间的规定管控。人员进入须办理进入受限空间作业许可证，进入人员证件应挂在人孔外边。塔内须有通风防爆设施。落实作业的个体防护、逃生、中毒互救、应急救援等措施。

玻璃鳞片防腐施工时，须对施工区域进行公示，周边 30 m 内严禁动火，并落实防静电、警戒隔离、消防等措施。

5. 热机安装

发电机穿转子时，进入定子内的人员应穿连体工作服及软底鞋。

在炉膛、烟道、风道及金属容器内作业时，应办理进入受限空间作业许可证。作业人员作业时，外部应有专人监护；作业完毕后，施工负责人应清点人数。

汽轮机下缸就位后，低压缸排汽口应临时封堵，汽缸两侧应用花纹钢板或木板铺满。汽轮机扣缸应连续进行，不得中断。汽轮机安装过程中，站在汽缸结合面上用手盘动转子时，不得穿带钉的鞋，鞋底必须干净，不得戴线手套。汽轮机翻缸、转子叶轮拆装等特殊作业应制定专项安全技术措施。

锅炉钢架立柱吊装前应搭设柱头操作平台，绑扎临时爬梯，设置攀登自锁器主绳。板梁吊装前应在梁上搭设临时操作平台。锅炉钢架、受热面施工过程中应在炉膛内设置安全网，并对平台上的孔洞进行防护。在炉膛内进行交叉作业时，应搭设严密、牢固的隔离层，并铺设防火材料；严禁用安全网代替隔离层。

6. 电气和热控安装

（1）在已带电的盘、柜上作业时：①应办理作业许可证，带电部分与非带电部分用绝缘物可靠隔离；②了解盘内带电系统的情况。穿戴好工作服、工作帽、绝缘鞋和绝缘手套并站在绝缘垫上；③工具手柄应绝缘并采取防坠落措施；④应设置一名监护人。

（2）对充氮变压器器身进行检查，在没有排氮前，任何人不得进入油箱。在油箱内的含氧量未超过 18 % 前，人员不得进入。检查变压器吊芯时，不得将铁芯叠放在油箱上，应放在事先准备好的大油盘内或干净的支垫物上。在松下起吊绳索前，不得在铁芯上进行任何作业。

（3）安装 GIS 室外设备时，工作区域内应设防风、防尘的围挡，现场应整洁干燥、无积水和污染气体。对室内设备充注 SF_6 气体时，周围环境相对湿度应不大于 80%，同时应开启通风系统，避免 SF_6 气体泄漏到工作区。预充氮气的箱体应先经排氮，然后充干燥空气，箱体内空气中的氧气含量必须超过 18 %，安装人员才允许进入内部进行检查或安装。

7. 现场射线检测

（1）射线检测应避开正常工作时间段，如不能避开，应制定相应的安全技术措施。

（2）射线检测应履行告知手续，设置警戒区，悬挂醒目的警示标志，严禁非作业人员进入，并应在规定的地点和时间内完成检测作业。

（3）夜间进行射线检测时，应有明显的警示标志，如设置自激式警灯等。

（4）射源处于工作状态时，操作人员严禁离开现场。

（5）射线装置应由专人操作，专人监护，如发生卡源，应在采取防护措施后处理。

（6）在高处进行射线检测时，应搭设工作平台，并应将射线装置固定在牢固可靠处。

（7）X 射线机的射线窗口侧宜设铅质滤光隔板。

（8）射源掉落时，应立即撤离现场全部人员，设专人守卫，并上报。做好安全防护措施后，方可有组织地用仪器寻找。

8. 调整试验

（1）督促调试单位严格执行"二票三制"（"二票"指工作票、操作票，"三制"指交接班制度、设备巡视检查制度、设备定期切换和试验制度），认真做好各种安全保护、系统隔离措施。

（2）监督、检查调试单位做好临时设施的制作、安装、挂牌、操作及系统恢复工作，督促调试单位做好设备与系统的就地监视、检查、维护、消缺和完善工作。

（3）锅炉点火启动过程中应监视本体的热膨胀情况，发现膨胀异常时，应停止升温升压，采取消除措施。锅炉蒸汽严密性试验时的全炉检查，应至少由两人共同进行。

（4）吹管消音器周围应加装防护围挡，排汽口不得对着设备或建筑物。排汽口和所有临时管应设警戒线，悬挂"严禁入内""禁止通行""小心烫伤"等警示牌，并设专人巡护。吹管前应发布公告，施工现场工作人员应做好防护，不得在吹管排汽影响范围内进行高处作业。

（5）整套试运前，应确认消防系统已正式投运，备用电源和保安电源运行正常。防火工程应施工完毕、无尾工。进入整套试运阶段，电梯经检定合格，可正常投入使用。

（6）机组带负荷试运前，应对发电机、变压器电气保护的交流回路进行检查，严禁电流回路开路、电压回路短路。

第八章 启动调试与交工验收监理

第一节 概述

一、锅炉启动调试

（1）锅炉分部试运

锅炉分部试运是指从厂用电受电开始到机组首次整套启动前的锅炉及辅机系统投运调试工作，包括单机试运和分系统试运两部分。单机试运是指为检验锅炉各辅机设备状态和性能是否满足其设计和制造要求的单台辅机的试运；分系统试运是指为检验锅炉各设备和系统是否满足设计要求的联合试运。

（2）锅炉整套启动试运

锅炉整套启动试运是机组整套启动的组成部分，是指设备和系统在分部试运验收合格后，炉、机、电第一次整套启动时，自锅炉点火开始至完成机组满负荷试运，投产进入考核期为止的启动调试工作。锅炉整套启动分为空负荷调试、带负荷调试、满负荷试运三个阶段。

（3）锅炉启动调试标准

锅炉单机试运条件和试运要点、分系统试运主要调试项目及调试要点、烘炉、化学清洗、冷态通风试验等；整套启动调试措施、方案、试运条件，锅炉空负荷调试、安全阀校验、蒸汽气密性试验、带负荷调试、满负荷试运、停运等，都应遵循 DL/T 852《锅炉启动调试导则》。

二、汽轮机组启动调试

（1）汽轮机分部试运

汽轮机分部试运是指从高压厂用母线受电到整套启动调试试运前的辅助机械及系统所进行的调试工作，分为单机试运和分系统试运两部分。单机试运的主要任务是完成单台辅机的试运,包括相应的电气、热控保护;分系统试运是指按系统对其动力、电气、热控等所有设备及整个系统进行空载和带负荷的调整试运。

（2）汽轮机整套启动试运

汽轮机整套启动试运是指机组分系统调试合格后,炉、机、电第一次联合启动,并以汽轮机首次冲转为目的,至机组完成满负荷试运为止。汽轮机整套启动分为空负荷试运、带负荷试运、满负荷试运三个阶段。

（3）汽轮机启动调试标准

汽轮机冷却水系统、凝补水及凝结水系统、胶球清洗系统、循环水系统、除氧水系统、油系统及盘车装置、调节保安系统和发动机密封油系统、内冷水等分系统调试和整套启动试运工作应遵循 DL/T 863《汽轮机启动调试导则》。

第二节　锅炉机组启动调试要点

一、锅炉试运要点

（1）锅炉机组启动试运前应根据电力行业有关规程、电力设计文件和设备技术文件制定启动试运调整方案及措施。

（2）锅炉机组试运前与试运机组有关的土建、安装工作应按设计基本结束,并依据规范检查确认应具备的现场条件。

（3）锅炉首次点火前,汽包锅炉应进行一次汽包工作压力下的严密性水压试验。水压试验后利用锅炉内水的压力冲洗取样管、排污管、疏水管和仪表管路。

（4）锅炉点火升压前,参建各方应联合重点检查下列各项:

①必需的热工仪表及其保护、监测系统均已调校完毕,能投入使用。

②锅炉烟风及汽水管道支吊架经调整完毕,各处膨胀间隙正确,膨胀位移时不受阻碍;膨胀指示器安装正确牢固,在上水前应调整到零位。

③防爆门安装符合技术要求,能可靠动作,动作时不会伤及工作人员或引起火灾。

④附属机械已全部进行分部试运,并做事故按钮、联锁及保护装置动作试验。

⑤燃烧器调节机构做操作试验,动作应灵活,实际位置应和开度指示一致;摆动式燃烧器四角摆动应同步;旋流式燃烧器的调风器应置于点火位上,应检查内、外旋流叶片旋转方向及旋转角度的同步性。

⑥点火器操作试验应完成,执行机构应灵活可靠,位置适当,性能良好。点火装置已调试完毕。油（气）枪应进行检查试验,检查组装质量,目测油枪雾化情况;对

气枪应做炉外的点火试验，掌握其出力特性。

⑦燃油（气）速断阀、各电动阀门应灵活可靠，对各热工装置进行远方操作试验，关闭应严密，行程应足够，位置指示应正确。

⑧燃油管道已完成通油试验：系统严密不漏，油温、油压应符合要求，燃气管道应进行气密性试验，并增设临时过滤装置。

⑨事故照明、越限报警及锅炉各种联锁保护、控制系统动作检查试验结束。

⑩锅炉应已完成冷态通风试验，进行挡板检查，表计标定，风量分配与测量等工作；检查风机带负荷和并列运行的稳定性及风道振动情况；流化床还应进行布风板阻力试验、料层阻力试验、最小流化风量及流化试验。

⑪制粉系统、除渣系统应具备投运条件。

⑫除灰系统调试完成；电除尘器完成振打、升压试验和气流均布试验；袋式除尘器应做外观检查、通风测量、阻力测量及预喷涂试验。

⑬脱硝、脱硫系统应同步调试。

⑭输煤系统应进行联合试运，事故按钮及联锁（程控）装置应调试完毕，并做载煤试运，检查启停、筛分、破碎和除铁性能。

⑮吹灰器及烟温探针应调试完毕。

⑯空气预热器的吹灰器及消防系统应调试完毕，空气预热器火灾检测系统及水冲洗系统须调试完毕，可投入使用。

⑰暖风器系统、磨煤机惰化蒸汽系统应具备投入条件。

⑱锅炉应水冲洗合格。

（5）锅炉首次升温升压应缓慢、平稳，符合设备技术文件的规定。应检查受热面各部分的膨胀情况，记录膨胀值，如有膨胀异常情况，必须查明原因并消除异常后方可继续升压。锅炉升压达 0.3～0.5 MPa 时，应在热状态下对各承压部件连接螺栓进行热紧工作。

（6）锅炉试运过程中应经常检查锅炉承压部件和烟风道、燃（物）料管道等的严密性，检查锅炉吊杆、管道支吊架的受力情况和膨胀补偿器的工作情况，检查锅炉各部分的振动情况。

（7）在各阶段试运过程中，对汽水品质进行监督，保证汽水品质合格。应防止锅炉发生缺水、满水事故；应经常监视燃烧并调整，使燃烧良好，防止发生灭火、爆燃和尾部烟道二次燃烧事故。

二、高温烘炉

（1）锅炉安装工作全部结束，水压、风压试验合格并已签证验收；锅炉有关部位的耐火耐磨材料浇注和抹面工作全部完成，经检验施工质量符合设计要求，并按厂家的要求进行了足够时间的自然通风、干燥；低温烘炉完成后，循环流化床锅炉应进行高温烘炉。

（2）高温烘炉前，应确认炉膛、烟风道、旋风分离器、回料器、外置床、冷渣器等部件内部已清理干净并验收合格；有关吹扫手动阀关闭；床料按照厂家的要求已铺好。

（3）烘炉时以炉膛出口烟温为准，其他各点的温度仅作为参考，温度变化与烘炉曲线误差不得超过 ±25 ℃，升温速率不得大于 20 ℃/h。炉膛出口烟温不得高于 850 ℃。

（4）锅炉升温速度及持续时间应根据锅炉制造厂或耐火耐磨材料厂提供的参数设置。在高温烘炉过程中，应经常检查炉墙情况，防止产生裂纹及凹凸变形等缺陷。

（5）高温烘炉宜与冲管同步进行，冲管结束后应进行检查验收。

①高温烘炉过程中，应对外护板、框架梁、门孔、密封盒、炉顶等外部保温炉墙进行全面的感观质量检查，如表面超温或串火、油漆变色或剥落，则应在停炉后对膨胀结构、支撑结构、灰缝及开孔等内部炉墙进行全面检查，并进行必要的内衬修理和外保温恢复。

②烘炉完成并冷却至室温后，应对内部炉墙进行全面的感观质量检查，如发生损毁或存在较大缺陷，则应参照低温烘炉的修补要求进行修补及烘烤。

（6）高温烘炉后，应将湿气排出孔封闭；整理记录，办理签证。

三、锅炉化学清洗

（1）过热蒸汽出口压力为 98 MPa 及以上的锅炉，蒸发受热面及炉前系统在启动前必须进行化学清洗；亚临界及以上的锅炉过热器、再热器，可根据情况进行化学清洗，但必须有可靠的防气塞和防腐蚀产物在管内沉积的措施。

（2）锅炉化学清洗，应按行业标准 TSG G5003《锅炉化学清洗规则》和 DL/T 794《火力发电厂锅炉化学清洗导则》的要求，由有清洗资质的单位，依照已批准的化学清洗方案及措施进行清洗。化学清洗方案中应有相应的安全保护措施。

（3）化学清洗系统应经水压试验合格，并符合规范规定的化学清洗系统的有关配套要求。

（4）化学清洗结束后应按规范检查，监视管段和腐蚀指示片内表面应清洁，基本无残留氧化物和焊渣；不出现二次浮锈或镀铜现象，无点蚀、无明显金属粗晶析出的过洗现象，并形成完整的钝化保护膜；腐蚀指示片平均腐蚀速度应小于 8 g/（m²·h），腐蚀总量应小于 80 g/m²。

（5）化学清洗结束至锅炉启动时间不应超过 20 d，否则，应按行业标准 DL/T 889《电力基本建设热力设备化学监督导则》的规定采取停炉保养、保护措施。

四、系统的冲洗和吹洗

（1）锅炉范围内的给水、减温水、过热器和再热器及其管道，在投运前必须进行冲洗和吹洗。

（2）锅炉过热器、再热器及其管道吹洗时，所用临时管的截面积应不小于被吹洗管的截面积，临时管应短捷；使用蓄热法吹洗时，临时控制门应全开，开启时间小于1 min；直流锅炉宜采用稳压吹洗；吹洗时的控制参数应通过预先计算或吹洗时的实际流量决定，控制门全开后过热器出口的压力应达到规范规定的数值。汽包锅炉吹洗时的压力下降值应控制在饱和温度下降值不大于 42 ℃的范围内。吹洗过程中，至少有一次停炉冷却（冷却时间为 12 h 以上），以提高吹洗效果。

（3）吹洗质量标准：

①过热器、再热器及其管道各段的吹管系数大于 1。

②在被吹洗管末端的临时排汽管内装设靶板，靶板可用铝板制成，宽度约为排汽口内径的 8%，长度纵贯管子内径；在保证吹管系数的前提下，连续两次更换靶板检查，靶板上冲击斑痕粒度不大于 0.8 mm，且 0.2 mm ≤ d ≤ 0.8 mm 的斑痕不多于 8 点即认为吹洗合格。

（4）蒸汽吹管后还应视情况，再次打开有节流孔的联箱的手孔进行内窥镜检查，并对带节流孔的管排进行射线拍片检查，以防止异物堵塞。

五、蒸汽严密性试验及安全阀调整

（1）锅炉升压至工作压力时进行蒸汽严密性试验。

（2）蒸汽严密性试验时重点检查：锅炉的焊口、附件和全部汽水阀门及法兰等的严密性；汽包、联箱、各受热面部件和锅炉范围内的汽水管路的膨胀情况，及其支座、吊杆、吊架和弹簧的受力、位移和伸缩情况是否正常，是否有妨碍膨胀之处。

（3）蒸汽严密性试验后可进行安全阀调整，调整压力以各就地压力表为准，压力表应经校验合格；安全阀的调整应在设备厂家人员指导下或按其技术要求进行，安全阀动作压力数值应符合厂家技术文件要求或行业标准规定。

（4）全量程弹簧式安全阀可在 75% ~ 80% 额定压力下进行校验调整；经调整后，视机组情况可选择同一系统最低起跳值的安全阀进行实跳复核。

（5）安全阀调整完毕后，应对安全阀作出标志，禁止将安全阀隔绝或楔死；整理记录，办理签证。

六、整套启动运行

（1）在整套启动锅炉机组以前，必须完成锅炉设备（包括锅炉辅助机械和各附属系统）的分部试运；锅炉的烘炉、化学清洗；锅炉及其主蒸汽、再热蒸汽管道系统的吹洗；锅炉的热工测量、控制和保护系统的调整试验工作。

（2）在整套试运期间，所有辅助设备应投入运行；锅炉本体、辅助机械和各附属系统均应工作正常，其膨胀、严密性、轴承温度及振动等均应符合技术要求；锅炉蒸汽参数、燃烧工况等均应达到设计要求。

（3）对于 300 MW 及以上的机组，锅炉应连续完成 168 h 满负荷试运；对于 300 MW 以下的机组宜分 72 h 和 24 h 两个阶段进行，连续完成 72 h 满负荷试运后，停机进行全面的检查和消缺，消缺完成后再开机，连续完成 24 h 满负荷试运，如无必须停机消除的缺陷，亦可连续运行 96 h。

（4）锅炉机组整套试运结束后应办理整套试运签证，并移交生产单位。

第三节　启动调试监理工作

一、调试阶段主要监理工作

（1）审查调试单位的分包资格，审查合格后报建设单位批准。组织审查调试单位现场项目部的组织机构和人员配备、特种作业人员资格证、调试从业人员培训合格证、试验仪器设备检定合格证，符合要求时予以签认。

（2）审查调试单位报送的调试大纲、调试方案和调试措施，签署监理意见后报建设单位。监督调试单位按批准的调试方案和调试措施实施，对调试过程进行巡视、见证或旁站。

（3）参加调试条件的检查和确认，建立设备缺陷台账，跟踪消缺情况，监督责任单位按时完成消缺，并组织消缺后的验收。

（4）参加单体（单机）试运、分系统试运和整套启动调试各阶段的质量验收、签证工作。

（5）督促及时办理设备及系统代保管手续（相当于石化工程中间交接）。

二、整体启动阶段的主要监理工作

（1）审查发电工程机组整套启动试运方案、输变电工程投运方案，提出监理意见。

（2）参加发电工程机组整套启动试运前、输变电工程投运前的启动预验收。

（3）参加发电工程机组整套启动试运条件的检查确认。发电工程机组整套启动试运应满足下列主要条件：

①机组整套启动试运应投入的设备和工艺系统及相应的建筑工程已按设计文件和工程建设标准完成，并经验收、签证完毕。

②机组已完成分部试运和整套启动试运前的所有调试项目，并经验收、签证完毕。

③启动预验收及启动试运前质量监督检查中提出的影响启动的问题已处理完毕，并经项目监理机构验收合格。

④工程已通过消防专项验收。

三、参加输变电工程投运条件的检查确认

输变电工程投运应满足下列主要条件：

（1）整体工程的建筑工程和全部电气设备及其系统已按设计文件和工程建设标准完成，并经验收、签证完毕。

（2）启动预验收及投运前质量监督检查中提出的影响启动的问题已处理完毕，并经项目监理机构验收合格。

（3）工程已通过消防专项验收。

四、其他

参与试运过程中的缺陷管理，参加重大技术问题的讨论。参与发电工程机组整套启动试运结果、输变电工程投运结果的确认。

第四节　交工验收监理工作

一、工程移交时应完成的主要监理工作

（1）检查工程启动调试、试运和验收签证完成情况。

（2）在启动验收委员会宣布试运工作结束后，会同参加启动验收的各方共同签署工程移交生产交接书。

（3）与建设单位、设计单位、承包单位和生产单位协商确定剩余工程和工程遗留问题清单及完成期限。

（4）按建设工程监理合同的约定向建设单位移交监理文件。

二、竣工预验收相关监理工作

组织工程竣工预验收前的检查，编写工程质量评估报告。

三、专业验收与竣工验收相关监理工作

参加安全设施、职业卫生、环境保护、水土保持及档案等专项验收。参加建设单位组织的工程竣工预验收和竣工验收。

第九章　现场监理工作方式

第一节　见证取样

一、概述

见证取样是指项目监理机构对承包单位进行的涉及结构安全和主要功能的试块、试件及工程材料现场取样、封样、送检工作的监督活动。

见证取样试验工作应与工程材料、构配件、设备报审和工程报验有机衔接。证明质量合格的复试报告未到位时，监理人员不得签认相应的报审表。

二、见证取样的范围

项目监理机构主要对下列热电联产工程试块、试件及工程材料进行见证取样：

(1) 钢筋、水泥、砂、石、抗渗混凝土试块、止水橡胶、防水材料等。

(2) 用于结构工程的混凝土试块，掺合料和外加剂，钢筋及连接接头试件。

(3) 用于砌体工程的砌筑砂浆试块，砖和混凝土小型砌块。

(4) 道路工程用无机结合料稳定材料。

(5) 建筑外窗。

(6) 回填土密实度取样。

(7) 高强度螺栓试件取样。

(8) 软母线液压压接试件，母线焊接试件。

(9) 主变压器绝缘油样品。

(10) SF_6 气体分析样品。

(11) 导线或架空地线的接续管及耐张线夹的试件。

(12) 焊缝无损检测点口。

(13) 铬钼合金钢设备、管道组成件和支撑件、焊缝的材质复验选点。

(14) 国家及地方标准、规范规定的其他见证检验项目。

三、工作程序

（1）承包单位对进场材料、试块、试件等实施见证取样前，要先履行材料、构配件、设备的报验手续，监理人员经资料审查和外观检查确认合格后，在负责见证的监理人员现场见证下，承包单位按相关规范的要求，完成取样过程。

（2）建筑工程材料完成取样后，在试件或其包装上做出唯一性标识、封志。标识和封志应标明工程名称、取样部位、取样日期、样品名称和样品数量，并由见证人员和取样人员签字。见证人员应制作见证取样台账，并将其归入施工技术档案。

（3）承包单位将送检样品装入样品箱，不能装入样品箱的试件，则贴上专用封志。

（4）试样送检时，送检单位应填写委托单，并由见证人员和送检人员签字，并采取有效的封样措施送样。

（5）检测单位确认委托单及试样上的标识和封志无误后进行检测，出具检测报告。当检测试验结果为不合格时，见证人员应立即通知建设单位和承包单位，由专业监理工程师下发监理通知书，督促承包单位将不合格材料撤离现场、处置到位，并在见证取样台账中注明处置情况。

四、焊接接头无损检测抽样检查

1. 无损检测点口

焊接接头无损检测的比例和验收标准应按检查等级确定。焊接接头的无损检测比例应按管道编号统计，承包单位可将相同工艺条件的管道设为同一编号，不是必须采用设计管段号编号。

管道焊接接头按比例抽样检查时，选取检验批点口的规则为：

（1）每批执行周期宜控制在2周内。

（2）以同一检测比例的焊接接头为计算基数，确定该批的检测数量。

（3）焊接接头固定口检测不应少于检测数量的40%。

（4）焊接接头抽样检查：应覆盖施焊的每名焊工；按比例均衡分配各编号管道的检测数量；交叉焊缝部位应包括相邻焊缝，其检查长度不小于38 mm。

2. 一次合格率计算

焊接检验后，可按部件和整体分别统计出焊接接头无损检测一次合格率。

（1）DL/T 869《火力发电厂焊接技术规程》推荐的计算方法

$$无损检测一次合格率 = (A–B)/A \times 100\% \qquad (9\text{–}1)$$

式中　A——一次被检验焊接接头当量数（不包括复检及重复加倍当量数）；

　　　B——A中的不合格焊接接头当量数。

当量数计算规定如下：

①外径不大于 63.5 mm 的管焊接接头，每个焊接接头计为当量数 1。

②外径大于 63.5 mm 的管子、容器焊接接头，同焊口的每 300 mm 被检焊缝长度计为当量数 1。

③使用射线检测时，相邻底片上的超标缺陷实际间隔小于 300 mm 时可计入一个当量。

（2）石化工程常用的计算方法

①公称直径小于 500 mm 的管道，按焊接接头数量计算无损检测的比例。整条焊缝探伤的一次合格率按焊口统计，当抽查的焊缝受条件限制不能全部进行检测时，经检验人员确认后，可对该条焊缝按相应检查等级规定的检测比例进行局部检测。

②公称直径不小于 500 mm 的管道，按每个焊接接头焊缝的长度计算无损检测的比例，检测长度不小于 250 mm。焊口局部探伤时，一次合格率应按底片数统计。

第二节　巡视

一、监理职责

总监理工程师负责监理项目部巡视工作的组织策划和检查落实，以点带面进行重点巡视。专业监理工程师负责本专业工程现场巡视实施，及时发现问题，督促整改，并记好相应的监理日记。监理员协助专业监理工程师进行巡视，配合做好相关检查及记录工作。

二、巡视检查的主要内容

（1）施工现场主要管理人员，特别是施工质量和安全管理人员到岗履职情况。

（2）特种作业人员持证上岗情况。

（3）使用的工程材料、构配件和设备等的质量验收情况。

（4）承包单位按设计文件、工程建设标准和施工组织设计、施工方案的施工情况。

（5）施工机具及测量设备性能的符合性。

（6）施工作业的安全防护情况。

（7）危大工程作业情况，抽查危大工程施工前的方案交底及安全技术交底执行情况。

（8）施工作业环境符合规定要求的情况。

（9）工程进展与进度计划的偏差情况。包括人、机、料等资源投入是否满足进度和质量控制需要。

三、巡视检查的工作要求

（1）监理工程师每天至少进行一次现场巡视检查（不包括专项检查验收、隐蔽验收、平行检验、危大工程和关键工序旁站），及时掌握现场施工情况，发现和解决问题。

（2）巡视检查要覆盖所有施工作业场所，不留死角。特别是容易发生问题的工序或部位，要多看、多查。

（3）熟悉在建工程的设计图纸、标准图集及其他设计规定，熟悉标准规范的技术要求，熟悉工程所在地政府、建设单位的有关特别规定，对计划巡检的重点心中有数、有据可依。

（4）携带常用的测量工具（卷尺、游标卡尺、焊缝检测尺、电笔等）、照相机和记事本，对现场发现的质量、安全问题或隐患要及时记录或拍照，保存原始记录。

（5）要有科学的态度和精神，规范工作程序、用数据说话；遇事沉着冷静，对不确定的问题要认真查图纸、查规范，在确定后方可做决定或签发通知单，杜绝似是而非和模棱两可。

（6）对巡视检查发现的问题要及时向承包单位反馈，必要时发监理通知单，承包单位整改后监理人员要复查。对于不按图施工，擅自使用未经检测合格的材料或其他可能造成安全、质量事故的严重隐患，应及时向总监理工程师和建设单位报告，由总监理工程师及时签发工程暂停令，要求承包单位停工整改，杜绝安全、质量事故的发生或延续扩大。

（7）巡视检查过程必须注意自身安全，不安全的地方不去，并督促承包单位完善安全措施。

（8）巡视人员不得直接指挥施工作业或自己动手作业。

（9）巡视检查和问题处理情况应及时在监理日记本中记载，并闭环管理。危大工程专项巡视检查情况可设置危大工程专项巡视记录表或在监理日志中进行专项记录。

四、巡视检查要点

监理人员应巡视检查施工现场的材料、半成品、成品；施工管理行为；工序、检验批、分部、分项及单位工程是否符合规范标准要求，是否存在质量、安全隐患。重点检查以下内容。

1. 施工人员

（1）项目经理、安全和质量等关键岗位管理人员是否到岗履职、是否有执业证书；是否与合同相符；安全质量体系运行是否正常，是否有以包代管现象。

（2）特种作业人员是否持证上岗，人证是否相符。

（3）施工人员数量能否满足工期要求；是否与审批的施工组织设计（方案）劳动力计划相匹配。

2. 安全文明施工

（1）安全方案及应急救援预案是否经过审批，安全技术交底和记录内容是否真实、及时。

（2）塔吊、升降机等特种设备是否报技术监督部门检测验收合格并现场挂牌。多台塔吊是否存在碰撞、交叉作业隐患。起重设备是否与架空线路保持安全距离。

（3）脚手架、基坑支护、高支模等安全设施是否符合专项施工方案，是否报验合格。

（4）现场是否存在安全隐患，基坑支护、施工用电、外架搭设、机具使用、施工动火、防火措施及"三宝""四口""五临边"安全文明措施是否落实。

（5）临时用电设施是否正常，设备接地、防雷接地是否到位。机械设备转动件防护是否满足安全运行要求。

（6）大件吊装、无损检测、试压试车区域是否设置安全隔离带和警示标志。

（7）垂直交叉作业是否落实"错时、错位、硬隔离"措施。

（8）危大工程专项巡视检查内容：专项施工方案的实施情况；现场特种作业人员持证上岗情况；安全设施、安全标志的设置情况；交叉作业和工序交接中的安全施工措施落实情况；安全工器具配备和使用情况等。

3. 材料／构配件／设备

（1）使用的材料／构配件／设备是否经报验合格，必要时会同建设单位办理紧急放行手续。

（2）分类存放、标志、防护是否符合要求。

（3）经验收不合格的材料／构配件是否撤离现场，需要现场返修的设备不得进行后续施工。

4. 土方工程

（1）在原有生产区内施工是否办理动土作业许可证，建设单位是否进行现场地下情况交底，生产区域机械开挖前是否人工挖探沟。

（2）挖掘机进场是否进行申报批准。挖土机械是否有专人监护，有无违章、冒险作业现象。

（3）土方开挖是否按审批的施工方案施工，超危大工程方案是否组织专家论证。

（4）基坑边和支撑上的堆载是否符合规范要求，是否存在坍塌隐患；基坑四周是否按要求搭设标准硬围护；是否有上下通道。

（5）土方回填前，基础混凝土结构是否按要求进行隐蔽验收。

（6）回填土料是否经击实试验确定相关参数，是否分层回填、分层检测。

5. 砌体工程

（1）砌体施工前，混凝土结构子分部工程是否按程序进行验收。

（2）砖、砂子、水泥质量是否复试、报验。砂浆配合比是否报审，内外墙砖以及砂浆是否按设计要求区别用料。

（3）拌制砂浆处是否有砂浆配合比牌和计量器具，砂浆是否见证抽样并制作试块。

（4）砌体基层是否清理、找平。组砌方法是否按上下错缝，内外搭接砌筑；是否存在"碎砖"集中使用。

（5）墙体拉结筋形式、规格、尺寸、位置是否正确，是否按批次进行拉拔试验。

（6）砂浆饱满度、灰缝厚度是否达标，有无透明缝、瞎缝和假缝。

（7）墙上的架眼以及工程需要的预留、预埋等有无遗漏。

6. 钢筋工程

（1）钢筋是否报验合格；有无锈蚀，油污、泥土等污染是否清理干净。钢筋加工质量是否符合设计及规范要求，严禁出现"瘦身"现象。

（2）垫块规格、尺寸是否符合设计要求，强度能否满足施工需要，有无用木块、大理石板等代替水泥砂浆（或混凝土）垫块的现象。

（3）钢筋接头位置以及连接方式是否符合设计和规范要求，焊接或机械连接接头施工前是否进行焊工考试和型式检验；施工过程是否按批次进行焊接接头见证取样检测。

梁柱箍筋加密位置、加密长度是否符合设计及规范要求；梁柱和梁交叉部位的"核心区"有无主筋被截断、箍筋漏放现象；箍筋或拉钩弯钩平直段长度及弯钩角度是否符合抗震要求。

（4）钢筋锚固长度是否符合规范要求；绑扎点和扎扣数量是否符合要求。

（5）悬臂结构钢筋位置是否正确。

7. 模板工程

（1）危险性较大的模板工程及支撑体系是否编制安全专项施工方案，是否经总监理工程师审核，超危大工程专项方案是否经过专家论证并提交论证报告。

（2）模板是否完好，有无破损、变形、过度重复使用。

（3）模板安装和拆除是否符合施工组织设计（方案）的要求，柱板等竖向结构支模前，隐蔽内容是否已经监理工程师验收合格。

（4）拆模是否事先按程序和要求向监理工程师报审并经其签认，有无违章冒险行为。

（5）模板捆扎、吊运、堆放是否符合要求。

8. 混凝土工程

（1）大体积混凝土施工是否按要求编制专项施工方案，内降温、外保温措施是否可行；测温导线埋设数量、位置是否符合要求；测温记录是否完整。

（2）混凝土浇筑前是否进行条件确认并签署混凝土浇筑申请。

（3）现浇混凝土结构构件的保护层是否符合要求，强度是否允许堆载、踩踏（混凝土浇筑具体内容属旁站监理范围）。

（4）拆模后混凝土构件的尺寸偏差是否在允许范围内，有无质量缺陷，其修补处理是否符合要求。

（5）现浇混凝土构件的养护措施是否及时、有效、可行。

9. 钢结构工程

（1）钢结构材料是否报验合格；零部件预制加工是否符合施工规范和方案。

（2）钢结构组焊防变形、几何尺寸控制措施是否落实。

（3）基础是否验收交接，垫铁安装是否规范，是否按程序进行隐蔽验收。

（4）组合钢结构吊装前是否经焊接、探伤、防腐、几何尺寸等联合验收，吊装是否有吊装方案，超危大工程是否经专家论证。

（5）高强螺栓是否经过材质复试和抗滑移试验，安装是否符合规范要求。

10. 屋面工程

（1）防水、保温材料是否报验，是否按要求复试合格。

（2）基层是否平整坚固、清理干净，涂刷是否均匀、没有漏刷。

（3）卷材搭接部位、搭接宽度、施工顺序、施工工艺是否符合要求，卷材收头、节点、细部处理是否合格。

（4）屋面保温块材搭接、铺贴质量如何，有无损坏现象等。

11. 装饰装修工程

（1）装修前是否按程序完成结构分部验收。

（2）基层处理是否合格，混凝土结构与墙体之间是否挂设抗裂钢丝网片或纤维网布。

（3）细部制作、安装、涂饰等是否符合设计和相关规定要求。

（4）各专业之间工序穿插是否合理，有无相互污染、相互破坏现象。

12. 安装工程

（1）焊工、起重工、电工等特殊工种工人是否持证上岗，人证是否相符。

（2）锅炉设备、管道组成件和支撑件等安装前是否报验，合金钢材料光谱试验是否合格，阀门是否试压合格。

（3）焊条是否烘烤，保温桶是否规范使用，现场焊接环境是否符合要求。

（4）管道和设备安装方案、吊装方案是否经过审批，大件吊装方案是否经过专家论证。

（5）热力管道支吊架是否按规范和方案进行施工，固定管托是否焊接牢固，弹簧支吊架是否按设计参数进行预压限位，投用前弹簧限位块是否去除。

（6）管道和设备法兰密封面、动设备管口是否进行有效防护。

（7）汽轮发电机组的组装环境、产品保护是否符合规范要求。

（8）管道、设备现场焊缝无损检测和热处理是否及时，有延时裂纹或再热裂纹倾向的钢材无损检测与热处理顺序是否符合规范。

（9）管道试压、设备试车、系统吹洗前是否进行联合检查确认。

13. 电气工程

（1）防雷接地材料、网格尺寸、焊接、防腐是否符合图纸要求。

（2）埋地管路不宜穿过设备或建（构）筑物的基础。

（3）金属桥架、线槽、封闭母线应按照相应规范进行施工，母线接触面清洁，涂电力复合脂，接地、防腐正确。

（4）穿线管内不允许有电线接头，电缆直埋时，应铺砂盖砖。电缆在地沟或桥架敷设时，要固定好。

（5）开关、插座同一墙面横平、竖直偏差是否符合规范，开关是否控制相线，左零、右火、上接地，灯具安装固定是否符合规范，安全可靠。

（6）变配电室及变压器基础槽（角）钢、地沟、留洞应符合设计要求，等电位连接应符合规范要求，通电前接地装置是否交接试验合格。

（7）配电柜/箱、电表箱、户开关箱等安装是否符合规范；配电柜/箱的金属框架及基础型钢必须接地（PE）可靠；接零、地线端子要严格分开设置，箱体下面必须做150~300 mm的基座，防止地面水进入导致短路事故。

14. 仪表工程

（1）仪表设备及材料应按其要求的保管条件分区、分类保管，并进行合理保护，仪表试验室的环境、电源、气源、接地等符合规范要求。

（2）仪表及取源部件的材质及安装位置、接线盒引入口、接线及线号标志、与其他检测元件的距离正确。

（3）支架的外观、焊接与固定、安装间距符合规范。

（4）电缆槽材料、连接、开孔与排水、内部电缆的固定、防爆与接地正确。

（5）保护管加工与预处理、敷设、防爆与接地措施正确。

（6）电缆敷设、隔热与防火、本安电路敷设、接地线、配线符合规范。

（7）导压管组成件的检验、弯制、清洁与脱脂、焊接、坡度与热膨胀措施、固定、严密性符合要求。导压管路需要参加工艺管道系统的试压和吹洗。

（8）系统调试条件、调试内容、回路的联校、报警及联锁回路试验符合要求。

15. 施工环境

（1）冬、雨季施工措施是否落实。

（2）施工环境和外界条件是否对工程质量、安全、进度、投资等造成不利影响，相应措施是否安全、有效、符合规定和要求。

（3）基准控制点保护是否到位，有无被压（损）现象；监测工作能否正常进行等。

第三节　旁站

旁站是项目监理机构对工程关键部位或关键工序的施工质量进行的监督活动。在实际工作中，主要试验检验过程、超危大工程和易发生公共安全事件的关键部位或关键工序宜进行旁站。

一、旁站范围

项目监理机构应将影响工程主体结构安全的、完工后无法检测其质量的或返工会造成较大损失的部位及其施工过程作为旁站点。旁站点一般包括以下内容：

（1）基础工程：土方回填，混凝土灌注桩浇筑，地下连续墙、土钉墙、后浇带及其他结构混凝土，防水混凝土，卷材防水层细部构造处理。

（2）主体结构工程：梁柱节点钢筋隐蔽过程，混凝土浇筑，预应力张拉，装配式结构安装，钢结构安装，网架结构安装，索膜安装。

（3）安装工程：大件吊装，重要检测试验过程，重点部位的隐蔽过程。

（4）超危大工程或社会、建设单位关注度高的危大工程。

热电联产工程旁站点设置见表 9-1。

表 9-1　热电联产工程旁站点设置

序号	需旁站的部位		备注
	分部工程	关键部位 / 工序	
1	基础工程	成孔桩的混凝土浇筑	
2		成品桩沉桩过程的垂直度、焊接接桩及贯入度控制	
3		大体积混凝土浇筑	
4		土方回填	
5	主体结构工程	混凝土浇筑	
6		梁柱节点钢筋隐蔽过程	
7		卷材防水层细部构造处理	
8	钢结构	主梁柱节点	

序号	需旁站的部位		备注
	分部工程	关键部位／工序	
9	动设备	大型机组二次灌浆	土建、安装专业共同参与
10		机组配管无应力检查	
11		联轴器对中检查	
12		6 kV 以上电机驱动的泵单机试车	
13		设计出口压力大于等于 10 MPa 或转速大于 10 000 r/min 的机组调试	
14	静设备	大型设备吊装	
15		现场组焊设备产品焊接试板的焊接过程	
16		塔、反应器的最终隐蔽	脱硫塔、脱硝反应器等
17	锅炉本体	现场设备强度及严密性试验	
18		水压试验	
19	管道	管道补偿装置安装调试	
20		管道焊缝 100% 无损探伤的线路上的阀门试压	
21		管道系统压力试验	
22		管道系统蒸汽吹扫	
23	电气	变压器冲击试验	
24		35 kV 以上高压电器和高压电缆耐压试验	
25		6 kV 以上电缆头制作	
26		6 kV 以上电机空载运行及其驱动的设备单机试车	
27	热工仪表	DCS 系统接地、防雷系统接地电阻测试	
28		仪表间或机组控制系统接地电阻测试	
29		仪表联锁报警调试	
30		DCS 系统调试（联调）	
31	安全监理	周边环境复杂或危大工程的吊装	
32		超危大工程关键部位、关键工序	
33		易发生公共安全事件的部位、工序施工	

二、旁站监理职责

（1）旁站监理根据工程重要程度由总监理工程师安排现场监理人员负责具体实施，旁站监理人员可以是总监理工程师、总监理工程师代表、专业监理工程师或监理员，并非只是监理员的职责。

（2）旁站监理人员对需要实施旁站监理的关键部位、关键工序跟班监督，及时发现和处理施工过程中出现的质量或安全问题，如实做好旁站记录。

（3）旁站监理人员发现承包单位有违反工程建设强制性标准行为的，有权责令承包单位立即整改；发现其施工活动已经或者可能危及工程质量或安全的，应及时向专业监理工程师或总监理工程师报告，由总监理工程师下达局部暂停施工指令或者采取其他相应措施。

三、旁站监理程序

（1）项目监理机构应根据工程特点和承包单位报送的施工组织设计，制订旁站监理方案或措施，确定旁站的关键部位、关键工序，明确旁站监理程序和职责等。旁站监理方案或措施应当送建设单位和承包单位各一份。

（2）承包单位根据项目监理机构制订的旁站监理方案，在需要实施旁站监理的关键部位、关键工序施工前 24 h 书面通知项目监理机构。

（3）项目监理机构安排监理人员按照旁站监理方案进行旁站监理，并及时记录旁站情况，必要时留存视频记录。

四、旁站监理工作内容

1. 旁站监理前

（1）检查配置的施工操作人员的技术水平、操作条件是否满足施工工艺要求，特种作业人员是否有相应的上岗证。

（2）检查材料、半成品和构配件是否报验合格。

（3）检查施工机械设备配置和性能是否满足要求。

（4）检查施工组织设计（方案）是否已审批可行。

（5）检查施工环境是否对工程质量产生不利影响。

2. 旁站监理过程中

（1）检查施工方现场管理人员、质检人员是否在岗，特种作业人员是否人证相符。

（2）检查使用的材料、构配件是否与报验的一致。预拌混凝土进场应进行交货检验，包括核对进场发货单，确认混凝土标号和使用部位正确；观察检查与坍落度检测，强度试块留置。

（3）检查机械设备是否与已报验的设备一致，运转是否正常。

（4）检查施工方检测试验情况，按要求做好见证取样及相关试验。

（5）监督施工方按照技术标准、规范、规程和设计文件施工，检查施工组织设计（方案）中质量保证措施的执行情况。

（6）检查施工过程是否存在质量和安全隐患。

（7）对于突发性事件，应采取应急措施，如无法处理应及时上报。

3. 旁站监理后

（1）及时填写旁站记录。旁站记录的内容应是旁站时的监理工作和施工情况，不包括施工前应报审控制的内容，如配合比、材料及设备报验等。

（2）在工地例会上进行专项总结，对存在的问题，限期落实措施整改。

（3）凡需要旁站施工未实施旁站或旁站人员未在旁站记录签字的，专业监理工程师或总监理工程师不得在相应的工程验收文件上签字。

第四节　平行检验

一、概述

平行检验是项目监理机构在承包单位自检的同时，按有关规定和监理合同约定对同一检验项目进行的检测试验活动。

项目监理机构应根据工程特点、专业要求，以及建设工程监理合同约定，对施工质量进行平行检验。宜结合工程材料/设备/构配件报验和工程检验批/分项分部工程质量报验，监理人员进行现场实测实量或外委试验，以核验报审数据的真实性，避免盲目签字；而不是为完成平行检验任务随便测一些数据。平行检验记录应标注对应的报验单编号，记录要素为：使用仪器的名称及规格型号、标准/设计值（含允许偏差）、实测值（不能只写偏差值）。射线探伤底片要落实平行检验复审，监理单位应根据监理机构需求，安排有资质的人员进行。

监理人员随机抽检本质上不属平行检验，但应鼓励进行，以便事前掌握工程质量状况，检测数据可形成抽查检测记录。

总监理工程师负责项目平行检验工作的策划、组织实施、检查落实。专业监理工程师负责本专业平行检验工作的具体实施，及时、真实地填写平行检验记录，并及时整理归档。

二、平行检验程序

（1）项目开工前，监理机构结合项目特点在监理规划中明确平行检验的实施项目、数量和比例、检验方法、工作程序。

（2）平行检验工作应在材料报验或工程报验签字确认前进行。

（3）需要外委检测机构且应由建设单位支付检测费用的平行检验项目，事先由项目监理机构提出外委平行检验申请，经建设单位批准后，由建设单位委托或建设单位与监理机构联合委托具有相应资质的第三方检测机构进行。

（4）平行检验发现不合格项，应发监理通知单要求承包单位委托第三方检测机构重新检测或整改、返工处理。

（5）平行检验有关资料应及时整理，项目竣工后及时归档。

三、平行检验项目

（1）工程材料／设备／构配件：几何尺寸测量；对材质、焊缝质量有异议时，提请外委试验室检测，如光谱（PMI）、无损检测（NDT）等。

（2）工程检验批：结构尺寸，混凝土强度，设备安装找平、找正、对中，焊缝外观尺寸、硬度，无损检测，筑炉、防腐、保温层厚度等；对检测结果有异议时，提请外委检测机构检测。

（3）设备试运：温度、振动、位移等。

热电联产工程平行检验计划见表9-2。

表 9-2　　　　　　　　　　热电联产工程平行检验计划

序号	工程	检验项目	检查方式	最少比例 /%
1	工程定位测量	定位坐标或相对尺寸	外委测量队或自测	100
2	地基处理	厚度	卷尺	5
		密实度	现场检测仪或外委试验室	
3	桩基	桩深	卷尺 / 激光测距仪	5
		直径	卷尺	
4	建筑基础	几何尺寸、位置坐标	卷尺	100
5	钢筋工程	钢筋直径、间距	游标卡尺、卷尺	5

续表

序号	工程	检验项目	检查方式	最少比例/%
6	混凝土	坍落度	坍落度筒	5
		强度	回弹仪	
		梁板钢筋保护层	扫描仪	
7	砌体	砂浆饱满度	百格网	5
8	结构位置及尺寸偏差	总高度、垂直度	检测尺、线坠	5
		梁柱截面尺寸	卷尺	
		柱垂直度	2 m靠尺、塞尺	
9	道路	路面厚度、宽度	卷尺	5
		平整度	3 m靠尺、塞尺	
10	设备基础	中心标高、高差	水准仪	5
		沥青砂层表面尺寸	卷尺	
		地脚螺栓直埋或预留孔尺寸	卷尺	
11	静设备安装	有疑义的材质复核	光谱仪	5
		分段处周长、圆度	卷尺	
		设备安装水平度	水平尺	
		设备安装垂直度	磁力线坠、直尺、经纬仪	
		现场组焊设备局部凹凸度、棱角度	样板、直尺	
		筒体直线度	拉线	
		内件安装水平度、位置尺寸等	激光水平仪、卷尺	
12	动设备安装	有疑义的材质复核	光谱仪	100
		动设备垫铁间隙	塞尺	5
		动设备安装水平度	框式水平仪	
		联轴器同心度	千分表/百分表	
		振动/转速	测振仪/转速仪	
		轴承温度	红外测温仪	

序号	工程	检验项目	检查方式	最少比例/%
13	工艺管道安装	有疑义的材质复核	光谱仪	100
		压力管道组成件几何尺寸	游标卡尺/测厚仪	5
		固定管托结构尺寸	卷尺	
		动设备无应力配管	法兰螺栓自由穿入，千分表	
14	给排水管道安装	管沟底标高、管道平面位置及高程	经纬仪	5
		地管防腐层厚度	磁性测厚仪	
		地管防腐层致密性	电火花检测仪	
15	焊接	对口错边量、咬边、焊缝高度	焊缝检测尺	5
16	无损检测	射线探伤拍片核查	外委第四方检测	5
		射线检测底片复审	有资质的监理人员复评	
		铬钼合金钢进场材料、焊缝光谱分析	外委第四方检测	
		热处理后焊缝硬度	外委第四方检测	
17	电气	电缆、母排尺寸测量	游标卡尺	5
		盘柜安装水平度、垂直度	靠尺、吊线	
		母线连接的扭矩/搭接长度	扭矩扳手/卷尺	
		绝缘电阻	兆欧表	
		接地电阻	接地电阻测试仪	
18	仪表	节流元件前后直管段长度	卷尺	5
		物位取源部件位置	卷尺	
		成排仪表盘（箱）水平度、垂直度	拉线、水平尺、线坠	
		绝缘电阻	兆欧表	
		接地电阻	接地电阻测试仪	
19	防腐	漆膜厚度	漆膜测厚仪	5

续表

序号	工程	检验项目	检查方式	最少比例/%
20	保温（冷）	材料厚度、容重	直尺、称量计算	5
		绝热层厚度	钢针、直尺	
		伸缩缝宽度	塞尺	
		使用状态外壁温度	红外测温仪	
21	脱脂	清洁度	白滤纸	5
22	筑炉、衬里	砖缝	塞尺	5
		锚固钉长度、间距	钢板尺	
		衬里厚度	钢针插入	

第十章　质量验收与工程创优

第一节　质量验收

一、概述

质量验收是在承包单位自检合格的基础上，由验收责任方组织，由工程建设有关单位共同对施工质量进行抽样复验，对质量合格与否做出书面确认的程序。

质量验收按检验批、分项分部、单位工程逐级进行，其相应的工程验收职责为：

(1) 专业监理工程师组织承包单位项目专业质量检查员、专业工长等进行检验批的验收。对隐蔽工程验收时，专业监理人员必须进行见证，检验批验收应进行平行检验，及时办理签证和摄制影像资料。

(2) 专业监理工程师组织承包单位项目专业技术负责人等进行分项工程的验收。

(3) 总监理工程师组织承包单位项目负责人和项目技术负责人等进行分部工程的验收，并组织各专业监理工程师对工程质量进行竣工预验收。

(4) 建设单位项目负责人组织单位工程验收。

DL/T 5210《电力建设施工质量验收规程》规定，锅炉机组、汽轮发电机组检验批性质为主控的项目也应由建设单位组织验收，其他单位参加，如汽包安装、水压试验、试运等。

二、验收依据

GB 50300《建筑工程施工质量验收统一标准》，GB/T 50252《工业安装工程施工质量验收统一标准》及设计文件、DL/T 5210《电力建设施工质量验收规程》等专业工程质量验收标准。

标准遵循"验评分离、强化验收"的原则，如 DL/T 5210《电力建设施工质量验收及评价规程》，2012 版虽然验评内容合编为同一标准，但验评内容是按章分开的，可根据需要选用。

　　质量验收统一标准是各专业工程质量验收的统领性标准，明确了施工质量验收单元（单项工程、单位工程、分部工程、分项工程、检验批）的划分方法和验收的程序、组织、记录要求，也是交工验收资料按工程单元组卷归档的依据。

　　专业工程质量验收标准是专业工程质量验收（合格与否）的依据，工程质量验收是工程创优评价的基础；而评价标准适用于创优工程，以确定工程质量优良与否。

三、验收项目及判定标准

1. 检验批质量验收合格
（1）主控项目的质量经抽样检验全部合格。

（2）一般项目的质量经抽样检验合格；当采用计数抽样时，合格点率应符合有关专业验收规范的规定（一般80%及以上），且不得存在严重缺陷。

（3）具有完整的施工操作依据、质量检查记录。

2. 分项工程质量验收合格
（1）所含检验批的质量均应验收合格。

（2）所含检验批的质量验收记录应完整。

3. 分部工程质量验收合格
（1）所含分项工程的质量均应验收合格。

（2）质量控制资料应完整。

（3）有关安全、节能、环境保护和主要使用功能的抽样检验结果（建筑工程安全和功能检测，工业安装工程无损检测和专业试验、试车等）应符合相应规定。

（4）观感质量应符合要求。

4. 单位工程质量验收合格
（1）所含分部工程的质量均应验收合格。

（2）质量控制资料应完整。

（3）所含分部工程中有关安全、节能、环境保护和主要使用功能的检验资料应完整。

（4）主要使用功能的抽查结果应符合相关专业验收规范的规定。

（5）观感质量应符合要求。

四、验收程序

1. 基本要求
（1）施工前，承包单位应按相应质量验收统一标准制订单位工程、分部工程、分项工程的划分方案，报监理机构，项目总监理工程师组织各专业监理工程师进行审核确认，必要时可组织建设单位参加。

（2）项目监理机构在编制监理规划时，应制订检验批、分项、分部工程验收方案或程序，并向承包单位交底。

（3）承包单位在检验批、分项、分部、单位工程质量验收记录按规定权限签署后报监理机构，符合要求时，由监理相应负责人签认。

（4）隐蔽工程验收前承包单位应通知监理工程师进行验收，并形成验收文件，验收合格后方可继续施工。

（5）当参加验收各方对工程质量验收意见不一致时，可请主管部门或工程质量监督机构协调处理。

2. 检验批验收

（1）检验批工程验收前，建筑工程承包单位先填好检验批的质量验收记录（有关监理记录和结论不填），并由项目专业质量检验员和专业工长分别在检验批工程质量检验记录中相关栏目签字，专业监理工程师应对承包单位报验的检验批质量进行验收；工业安装工程按相应专业质量验收规范进行的每一个检验项目为检验批，相应的检测记录视同检验批验收记录。

专业监理工程师应对承包单位报验的检验批进行验收，签署验收结论。验收签字前应做的工作：

①实物检查：对原材料、构配件和设备等的检验，应按进场的批次和规范规定的抽样检验方案执行。

②资料检查：包括原材料、构配件和设备等的质量证明文件（质量合格证、规格、型号及性能检测报告等）和检验报告、施工过程中重要工序的自检和交接检验记录、隐蔽工程记录、见证取样检测报告等。

（2）当检验批质量不符合要求时，应按以下规定进行处理：

①经返工重做的或更换构配件、设备的检验批，应重新进行验收。

②当对试块试件的试验结果有怀疑时，或因试块、试件丢失损坏，试验资料丢失等无法判断实体质量时，应由有资质的法定检测单位对实体质量进行检测鉴定，达到设计要求的检验批可予以验收。

3. 分项工程验收

分项工程经承包单位自检合格后，报请监理单位验收。验收前，承包单位先填好分项工程质量验收记录，并由项目专业技术负责人在分项工程质量检验记录相关栏目中签字，专业监理工程师应对承包单位报验的分项工程进行验收，并签署验收结论。

4. 分部工程验收

在各分项工程验收合格的基础上，承包单位报请监理单位验收分部工程。验收前，承包单位先填好分部工程质量验收记录，并由项目专业技术负责人签字，总监理工程师组织承包单位项目负责人和技术、质量负责人等进行分部工程验收，勘察、设计单位项目负责人应参加地基与基础分部工程的验收，设计单位项目负责人应参加主体结构、节能分部工程的验收。总监理工程师应对承包单位报验的分项工程进行验收，并签署验收结论。

5. 单位工程验收

单位工程完工后，承包单位应组织有关人员进行自检。总监理工程师组织各专业监理工程师对工程质量进行竣工预验收。存在施工质量问题时，应由承包单位整改。竣工预验收合格后，承包单位向建设单位提交工程竣工报告，申请工程竣工验收。

6. 竣工验收

建设单位收到工程竣工报告后，由建设单位项目负责人组织监理、承包、设计、勘察等单位项目负责人进行工程竣工验收，建筑工程一般按单位工程进行竣工验收，工业项目一般按装置依次进行中间交接（保管移交）、交工验收（投料联运并产出合格产品）、竣工验收。

有分包单位施工时，分包单位对所承包的工程项目进行自检，总包单位应派人参加。分包单位应将所分包工程的质量控制资料整理完整，并移交给总包单位。

当参加验收各方对工程质量验收意见不一致时，可请主管部门或工程质量监督机构协调处理。

第二节　工程创优

工程是否创优是工程参建单位的自主、自律行为。建设单位如果有创优要求，应在工程总承包合同和监理合同文件中明确。

一、创优工作依据

1. 国家、地方（行业）协会优质工程评选办法

《中国建设工程鲁班奖（国家优质工程）评选办法》

《国家优质工程奖评选办法》

《中国石化优质工程管理办法》

《中国电力优质工程奖评审办法》

省优工程评选办法，如《安徽省建设工程"黄山杯"奖评选表彰办法》等。

2. 质量评价规范

《建筑工程施工质量评价标准》GB/T 50375

《电力建设施工质量验收规程》DL/T 5210（2012 版评价部分）

《火电厂烟气脱硫工程施工质量验收及评定规程》DL/T 5417（评价部分）

《电气装置安装工程质量检验及评定规程》DL/T 5161

《石油化工设备安装工程质量检验评定标准》SH 3514

3. 其他

包括建设单位有关文件、建设工程监理合同、工程总承包合同、施工合同等，以及工程总创优计划。

二、项目创优

工程开工前，建设单位应组织各参建单位明确创优目标、申报渠道、申报单位，由申报单位编制工程总创优计划，各参建单位据此再分别编制相应的创优工作计划（规划）。

创建优质工程应在质量验收合格的基础上按专业工程质量评价标准进行优良评价。由于施工质量评价工作程序复杂、工作量大，GB/T 50375《建筑工程施工质量评价标准》只有技术性规定，没有可操作性的实施办法，如谁来做、费用从哪里来。DL/T 5210《电力建设施工质量验收规程》虽然明确了一些评价职责规定，如承包单位进行自评，监理单位进行评价，（子）单项工程、整体工程由建设单位组织并委托有资质的评价机构进行质量评价等，但若对施工和监理工作不能体现优质优价，一味增加承包单位和监理单位的评价工作内容显然是不合理的，也难以实施。故工程创优的质量评价工作目前实际上难以开展，主要根据国家、行业、地方有关创优规定进行申报。地方审报优质工程奖程序如图10-1所示。石化/电力行业申报优质工程奖程序如图10-2所示。

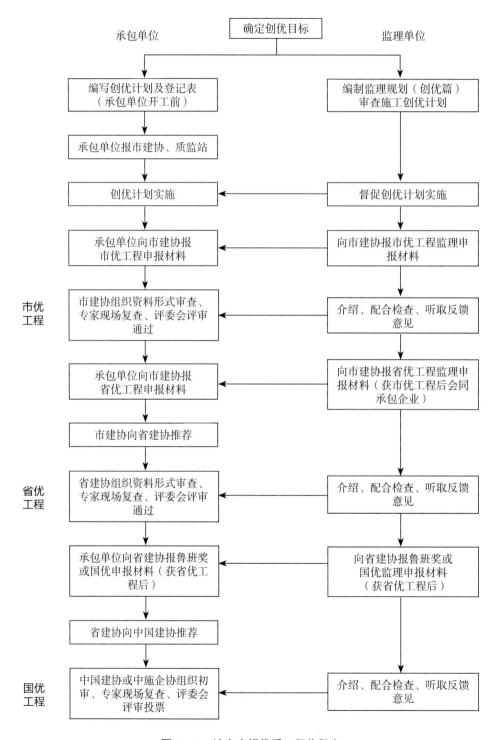

图 10-1 地方审报优质工程奖程序

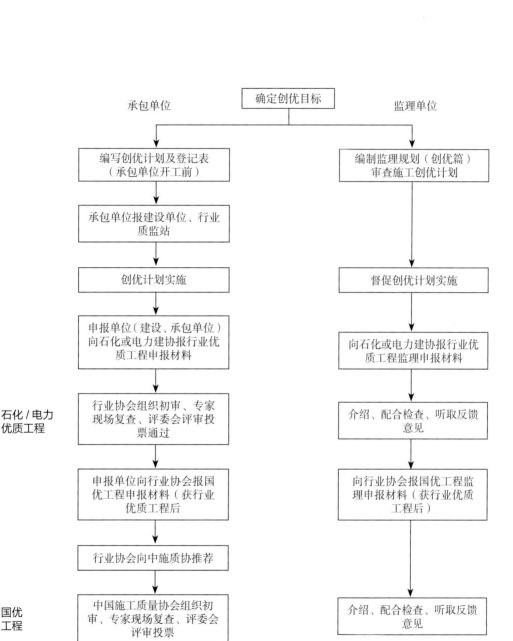

图 10-2　石化 / 电力行业申报优质工程奖程序

三、施工准备阶段的创优监理工作

(1) 工程实施前，项目监理机构全体人员熟悉优质工程评选办法，做到心中有数。

(2) 总监理工程师会同建设单位、承包单位在工程开工前，根据工程项目规模、社会影响程度、科技创新水平合理确定创优目标。

(3) 监理机构在开工前应编制监理规划（创优篇），经公司技术负责人审批后报建设单位。监理规划（创优篇）的主要内容应包括：

①创优目标：总目标及分解目标。

②创优组织机构和人员职责。

③创优措施，包括监理质量控制措施，样板引路，质量验收评价方法，过程验收与质监站、评优专家组的工作接口，国优工程新技术应用规划，质量通病的防治等。

④创优资料，包括过程资料的特殊要求，监理创优申报资料内容，工程照片、摄像内容策划等。

(4) 进行监理规划（创优篇）交底，编写交底记录。

(5) 督促承包单位编制创优计划并对其进行审核，督促承包单位将创优计划报建设单位、行业协会、质监部门审查备案。

创优计划审查要点：

工程项目创优计划应包括工程概况及特点、创优目标、创优组织机构、创优措施等内容。

(1) 工程概况及特点。工程概况应包括工程名称，工程规模，建设单位，承包单位，监理单位，开工、竣工时间，投资规模，主要实物量等；工程特点应突出工程施工中采用的新技术、新工艺、新材料、新设备及施工中的特殊技术要求、施工难点等。

(2) 创优目标。包括创市优、省部（行业）或国优工程目标。其分解目标包括：单位工程合格率（100 %），焊接一次合格率（省部优＞96 %，国优＞97 %），投料试车一次成功。建设和运营过程中不发生质量事故、安全事故、环境污染事故。工程无质量隐患、安全隐患、功能性缺陷等。

(3) 创优组织机构。包括工程项目创优组织机构、项目经理、项目总工程师与创优工作的相关部门等组成及职责划分，建立健全施工现场项目质量保证体系及锅炉、压力容器、压力管道、特种设备质量保证体系。

(4) 创优措施。包括完善企业标准和现场质量管理有关制度，职工教育、特殊工种培训，器材质量控制等。强化工序创优，建立例会监督制度，协调体系运行。采取样板引路、综合性能检测等创优方案，施工重点区域质量攻关、技术革新，全面实施工序报验制，建立 QC 小组及活动计划等。

(5) 科技、环保、节能等新技术的应用。申报鲁班奖：应有一项国内领先水平的创新技术或采用不少于 6 项"建筑业 10 项新技术"。工程设计先进合理，并已获得本地区或本行业最高质量奖。申报国家优质工程奖：科技创新达到同时期国内先进水平，获得省（部）级科技进步奖，或已通过省（部）级新技术应用示范工程验收，或积极应用"四新"技术、专利技术，行业新技术的大项应用率不少于 80%。工程设计先进，获得省（部）级优秀工程设计奖。工程质量可靠，获得工程所在地或所属行业省（部）级最高质量奖。节能环保主要经济技术指标达到同时期国内先进水平。申报中国电力优质工程奖：至少获省（部）级科技进步、QC 成果奖各 2 项；推荐申报国家级优质工程奖的工程，至少获省（部）级科技进步、QC 成果奖各 3 项；申报中国电力优质工程奖（中小型、单项）的工程，至少获省（部）级科技进步、QC 成果奖各 1 项。申报中国石化优质工程奖：工程设计水平先进合理的奖励证书（未获得过奖励的由建设单位提供证明）；工程项目创新成果汇总（包含建设管理、咨询、设计、监理、施工等方面与该工程有关的管理和科技创新情况总结）。

四、施工过程中的创优监理工作

（1）监理机构定期组织项目创优工作会议，检查分阶段创优计划落实情况，布置下一阶段工作，协调解决出现的各种问题并向建设单位提出建议和要求。

（2）督促承包单位落实创优计划，发现偏离立即通知纠正。

①工程实体

工程质量符合规范要求且达到优良标准，技术含量高，满足使用功能；体现安全、适用、美观，没有影响安全及使用功能的缺陷，达到装饰装修效果，绿色环保；经得起微观检查和时间考验，反映出精致、细腻的特色；是用户非常满意的精品工程。

②文字资料

工程资料的完整性。如有关计划、规划、土地、环保、人防、消防、供电、电信、燃气、供水、绿化、劳动、技监、档案等部门检测、验收资料或出具的证明。

工程资料的可追溯性。如原材料、设备的制造和施工（安装）过程形成的产品合格证、质量证明书、检验试验报告、工程验收资料等。

工程资料的真实性、准确性。

工程资料的签认和审批的及时性、合规性。

（3）影像资料

①监理机构根据工程的情况及时拍摄数码照片，并进行工程录像。工程录像的内容要反映工程全貌，主要是施工特点、施工关键技术、施工过程控制、新技术推广应用等情况，要充分反映工程质量过程控制和隐蔽工程的检验情况。录像和摄影内容应包括：工程全貌、工程竣工后的各主要功能部位、工程施工中的基坑开挖、基础施工、结构施工、门窗安装、屋面防水、管线敷设、设备安装（含大型设备的吊装）、室内外装修的质量水平介绍，以及主要施工方法和新技术、新工艺、新材料、新设备的使用、

检试验、验收情况，充分展示工程的特点、难点、亮点、规模、体量及效果等。

②录像和摄像技术要求：所有画面应清晰，不宜使用变形镜头；录像要注意声光效果，避免噪声，不要使用多声道技术。

③后期整理制作

鲁班奖：工程彩色数码照片 20 张及 5 分钟工程录像。

国家优质工程奖：至少提供工程照片 20 张，其中全貌照片不少于 3 张，特殊部位照片不少于 3 张，并在每张照片下方标注标题。影像资料控制在 5 min 以内，金奖项目控制在 8 min 以内。

电力优质工程奖：工程照片 15 张，照片应有题名，JPEG 格式。其中工程全貌 3 张，与工程结构和隐蔽工程相关的 3 张，主体设备安装工程 4 张，质量特色部位 5 张。反映工程质量特色的专题汇报片，应附配音，播放时长 5 min，MPG 格式，300 M 及以上。

石化优质工程奖：反映工程建设过程的照片 20~40 张，附有文字说明；工程建设过程影像 10~15 min，可用 DVD 或幻灯片（Power Point 格式）。

"黄山杯"奖：反映工程概况、主体结构及各部位施工过程，并附有文字说明的工程彩色照片 15 张左右，且每个单位工程不少于 8 张。

（4）在进行分项、分部、单位工程验收后，及时按相关规范进行工程质量评价。电力工程优良评价一般按单项工程、单台机组（含 168 h 满负荷试运）和整体工程（含档案）三个阶段进行。大中型电力工程项目申报电力优质工程奖经整体工程质量评价总得分应在 85 分及以上；推荐申报国家级电力优质工程奖的工程，质量评价总得分应在 92 分及以上。建筑工程优良评价按工程结构和单位工程两阶段进行，评价总得分分别应不低于 85 分，省部（行业）优质工程应不低于 92 分。

（5）创鲁班奖的项目，应及时联系建协安排专家对其地基基础、主体结构施工进行不少于两次的中间质量检查，并有完备的检查记录和评价结论。

五、验收阶段的创优监理工作

（1）监理机构按有关规范、标准收集、整理、编制、归档监理交工文件（含照片和影像光碟）。督促、审核承包单位收集、整理、编制、归档施工交工技术文件（含电子文件副本）和内部存档的施工过程技术文件。

（2）监理机构参加建设单位召开的创优工作阶段会议，总结项目开工至验收阶段存在的问题，协商解决办法；布置下一阶段的申报与迎检工作。

（3）公司按合同、规范、标准要求对监理机构提交的监理交工资料进行检查验收，并装订成册。

六、申报与迎检

（1）在工程竣工（交工）投用一年后，由主承包单位或建设单位进行申报，其他单位配合。

（2）申报单位按有关规定提交申报材料。监理机构配合申报单位进行监理创优申报，提交《创优工程监理汇报材料》及有关监理资料。

（3）总监理工程师及时与建设单位、承包单位沟通创优进展情况，组织监理人员迎检和陪检，参加点评会，做好汇报和听取意见工作。

（4）加强与质监、协会等单位的联系，及时沟通信息。

第十一章 经验、教训及问题探讨

第一节 经验、教训

一、某80万吨/年乙烯项目热电联产装置

表 11-1   某80万吨/年乙烯项目热电联产装置的经验

序号	事件描述	原因分析	改进意见
1	参建单位迎难而上，圆满完成了该乙烯项目热电联产装置施工监理任务。该项目获国家优质工程奖，监理项目部获得建设单位项目管理部月度劳动竞赛第三名、季度HSE评比第三名、11人次获得优秀个人称号； 该乙烯项目的热电联产装置主要工程内容为三台循环流化床锅炉和两台汽轮发电机组及大型配套的输储煤系统。监理项目部在管理上攻克两大难点： 一是首次进行循环流化床锅炉监理，对锅炉结构、安装特点和难点、主要控制内容、标准、措施缺乏经验； 二是该项目是由集团公司总部直接组织管理的第一个重大建设工程，并成立了IPMT管理团队，聘请某项目管理单位负责项目管理，领导重视、管理严格。新的管理模式和环境使监理工作面临巨大的挑战和考验； 面对困难和挑战，监理机构不断进取，奋战32个月，热电联产装置顺利中交，并联动试车一次成功	（1）公司对监理项目高度重视，为项目部的工作保驾护航； （2）监理项目部全体同志以大局为重、为万纬荣誉而战，艰难前行，项目部在打造学习型团队方面采取了必要的措施，督促、指导、帮助大家边学边干； （3）监管过程监帮结合，赢得总、分包单位的信任、配合和支持； （4）监理项目部注重从"万纬精神"中吸取营养，力争把"诚信、吃苦、务实、谦逊"发挥至最佳； （5）建设单位项目组的大力支持和帮助，为监理项目部营造了良好的监理工作氛围	（1）"十年树木，百年树人"，监理人才的成长和培养是一个漫长的过程，公司要培养人才，更要有措施留住人才； （2）要针对不同的项目特点，进行差别化项目监理，使石化联合装置中的电力工程监理更具有针对性、有效性
2	实现了零事故、无伤亡、不破坏环境的HSE管理目标； 在参与创建热电联产装置国家优质工程奖的过程中，创建了180 m混凝土烟囱和1#循环流化床锅炉施工质量首批样板工程	监理项目部突出重点，狠抓关键，加强预控与协调； 建设单位组织有力，奖罚分明；有关各方共同努力，进行了创优规划，并认真实施	

序号	事件描述	原因分析	改进意见
3	积累了新的工程技术的监理经验，主要包括： 　　（1）超长混凝土钻孔灌注桩后压浆技术； 　　（2）180 m混凝土烟囱电动提模爬升施工工艺； 　　（3）输煤系统翻车机 −15 m 深基坑施工及安全防护技术； 　　（4）球型煤仓 80 m 跨度网架安装技术； 　　（5）8 个圆柱形混凝土储存容器定型模板施工技术； 　　（6）全高强螺栓连接钢结构安装技术； 　　（7）3 台循环流化床锅炉现场模块化安装施工技术和高、中、低温烘炉工艺； 　　（8）2 台汽轮发电机组的现场施工安装技术； 　　（9）循环流化床锅炉水冷壁防磨热喷涂施工技术	（1）将建设单位的委托信任当作责任，决不能辜负； 　　（2）新技术既是挑战又是机遇，变压力为动力； 　　（3）以下施工方案经专家论证把关： 　　180 m混凝土烟囱电动提模爬升施工方案； 　　翻车机深基坑安全防护方案； 　　煤仓大跨度网架施工方案； 　　汽轮发电机组框架式高支模设备基础安全施工方案	加强专项技术总结交流，撰写相应论文，不断总结提高
4	对材料、设备进场从严把关，按规定进行监理抽查复验，确保不合格的材料不在工程中使用； 　　该工程曾发现以下主要问题，督促进行了整改： 　　（1）钢筋性能试验不合格，退场更换； 　　（2）循环流化床锅炉省煤器刚性梁支撑耳板中有 100 块材质供货错误，应为 12CrMoV，实为 15CrMo； 　　（3）1# 循环流化床锅炉初级过热器出口联箱有一件测温点触板材质供货错误，应为 12CrMo，实为 25CrMoV； 　　（4）2# 循环流化床锅炉屏式过热器管束设计材质为 15CrMo，实测其中 7 件化学成份不含 Cr、Mo； 　　（5）辅助锅炉汽包进场检验时发现内件焊接外观质量差； 　　（6）1# 循环流化床锅炉汽包进场检验时，发现一侧人孔密封面表面有严重机械损伤； 　　（7）汽轮发电机组轴承箱现场煤油渗漏试验发现渗漏，返厂处理； 　　（8）热电联产装置无损检测单位在水冷壁管焊缝探伤拍片时，发现了少量炉管母材存在缺陷	（1）监理项目部高度重视工程材料质量和设备、构配件制造加工质量，严格进场质保资料审查和平行检验控制； 　　（2）监理项目部针对热电联产装置 4 炉 2 机等主要设备均在现场拼装组焊的施工特点，进行了严格的监理工作组织和严密的分工，做到处处有人管，不留盲区	（1）提高专业素质，熟练掌握规范，控制从早、从严； 　　（2）提高对存在问题的敏感度，根据问题的具体情况，适度处理，避免被动； 　　（3）提高信息沟通的及时性、准确性，主动关注和拓展信息渠道，做到早发现、早汇报、早处理，负责跟踪至问题关闭
5	针对石化工程项目热电联产装置的特点，正确选用施工验收规范和交工资料表格： 　　（1）明确现场锅炉安装选用的相应电力工程标准； 　　（2）协调落实交工验收资料有关表格的使用；为此，监理项目部和建设单位共同主持召开了热电联产安装过程资料用表专题会，统一了认识，确定了不同专业的资料用表格式	（1）热电联产装置属于电力工程；但整体上它又是石化项目的一部分，是执行电力标准还是执行中石化标准，要求设计单位以书面形式予以明确； 　　（2）热电联产装置使用的行业标准不同，安装交工资料用表如何正确选用需要协调	工程开工准备阶段应协调一致，避免后续资料返工

表 11-2　　　　　　　　　　某 80 万吨／年乙烯项目热电联产装置的教训

序号	事件描述	原因分析	改进意见
1	热电联产装置施工期间，现场局部停工三次； （1）辅助锅炉锅筒内的焊接法兰存在焊接质量问题，建设单位指令辅锅区域暂停施工，经整改后复工； （2）热电联产土建与安装施工的塔吊作业发生碰擦，存在重大安全隐患，经建设单位项目组指令，主厂房和 1# 循环流化床锅炉施工区域暂停施工，经整改后复工； （3）某公司预制场内多名焊工无证施焊，严重违反施工规范和项目质量管理规定，经建设单位质量部指令，该区域暂停施工，总、分包单位认真组织整改并经建设单位质量部、项目组和监理共同验收后复工	（1）三次局部停工均为建设单位方指令停工，说明监理人员对于现场存在的问题在认识上与建设单位有差距；如辅锅内件的制造质量问题，监理人员在进场验收时已经发现，并有记录和照片，但没有下发监理通知单，明确整改要求； （2）两台塔吊分属土建、安装两个单位，在安全管理上缺乏整体性统筹考虑； （3）某公司预制场的无证焊工施焊，监理人员已经发现并下发了监理通知单，但是整改不彻底	（1）加强与建设单位的沟通，为建设单位及时提供准确的现场信息； （2）不仅要发现问题，更要处理问题，跟踪检查验收，闭环管理； （3）多台塔吊可能发生相互干涉的作业，应按重大危险源加以识别和控制，方案应经专家论证
2	无蓝图施工或没有经过设计交底和图纸会审就施工	设计进度与现场施工进度不协调，赶工需要； 有些图纸不能批量提供，设计交底难以多次及时进行	建设单位应将电子版图纸按蓝图管理，应由设计人员签字负责，版本号和签发确认手续完备
3	4 台锅炉均由某锅炉厂和某配套公司成套供货，现场组装；但其材料、组成件、附件、设备等的制造质量证明文件却不能在进场时提供，材料、设备报验不能按规定进行，办理紧急放行面广量大，承包单位不愿意		设备质保资料提供及应急处理应在供货合同中明确要求
4	现场的检验、检测工作有些滞后，存在一定风险	检测单位人员和设备投入不足	
5	施工"低老坏"通病时有发生，有时使监理陷入被动； （1）在现场外预制厂内烟风道的制作过程中，承包单位 HSE 管理、焊条库管理、焊接质量、文明施工等方面存在诸多通病，且清理整改不及时、不到位，直至停工整改； （2）输煤系统分包现场文明施工管理不到位，尤其在 2012 年春节后阴雨连绵，现场无施工通道，无预制加工场地，材料、设备无序堆放、无标志、无防护，杂物垃圾清理不及时，受到项目管理部通报批评	（1）承包单位缺乏稳定的技术工人和管理人员，投入不够； （2）对施工现场"低老坏"通病的治理，监理人员虽然反复督查，收效不大	（1）提高现场沟通协调能力；及时汇报给建设单位，争取建设单位的支持和总包的配合； （2）运用好监理的权力； （3）建筑市场普遍分包、包而不管的体制有待改进
6	中交后现场资料整理时间较长	有关方面前期策划不完善；对施工、监理的归档资料要求不明确，后期返工	协调建设单位尽早出台归档资料要求的相关文件

二、某石化公司热电部汽轮发电机组和电力网架结构改造工程

表 11-3　　　　　　　汽轮发电机组和电力网架结构改造的经验

序号	事件描述	原因分析	改进意见
1	汽轮发电机组改造、电力网架结构改造为新建炼化一体化项目首批中交单元之一； 50 MW 汽轮发电机组一次开车成功，顺利通过 168 h 考核，成为炼化一体化项目首台投运的大机组	（1）成立汽轮机技术小组，EPC、监理和施工部、作业部层层把关。施工方案和作业指导书做到全面覆盖，监理机构监督重大工序作业并参与施工方的技术交底； （2）监理人员严控安装质量，落实第三方、第四方抽查，组织联合验收	
2	电力网架系统改造新老工程衔接，深度交叉，切换复杂； 新建 220 kV 变电站一次并网受电成功，其他改造设施根据调度指令按期、安全、高质量陆续一次换接成功	（1）周密计划、分步实施。事前分阶段、分步骤编制了十多项计划、数次完善修改，会同建设单位有关管理部门进行专题讨论，并与地方电力公司调度会签，过程严格执行； （2）电气监理工程师十分熟悉电厂电气系统情况，具有丰富的电厂管理经验，工作兢兢业业，得到了建设单位的充分信任和赞誉	
3	110 kV 电缆下地工程属炼化一体化项目提前实施的工程内容，任务重、时间紧，且在石化主干道和核心地带开挖 4 m 宽、3 m 深、3.5 km 长的电缆沟，地下地上障碍、在用管线和电缆等影响因素不胜枚举，战胜了百年一遇的暴雨，按期高质量、安全投用，消除了老旧高压线路给炼油、腈纶装置带来的安全风险，并提高了新区主战场施工用电的保障能力	（1）监理人员不怕吃苦，现场多跑、多协调； （2）加班加点，战天斗地，具备打硬仗的团队精神和过硬的业务素质； （3）赏罚分明，公正无私，有效激励相关方； （4）各方支持协作、生产单位有效监管	
4	创建了以下样板工程： （1）电缆敷设、防腐保温获得质量部样板工程。GIS 设备、电力屏柜安装、接线、标志规范美观 （2）大跨度厂房扩建结构尺寸控制准确，保证了新老结构准确衔接 （3）机组大体积混凝土运转层平台厚实、沉降及振动小，预留预埋精准，自流坪光亮大方； （4）汽轮机组化妆板就位后，整体简洁大方，方便操作维护，机组并网带负荷运转平稳，可长周期运行	（1）样板引路，激励创优； （2）严格定位放线控制，施工过程中对梁、柱等进行阶段性复核尺寸，发现问题及时调整； （3）大体积混凝土浇筑前，模板、钢筋严格把关验收，做好养护和测温控制； （4）采用新型化妆板，内部自带照明、排气等设施，宽敞明亮，厂家安装经验丰富	

序号	事件描述	原因分析	改进意见
5	超深挖孔桩施工，且地下水丰富，属超危大工程；措施得力，保证了施工安全	56 根人工挖孔桩施工方案经专家论证。采用措施： （1）钻 8 个强制排水井，进行桩内机械排水； （2）加粗钢筋混凝土护壁钢筋； （3）保险绳、吊篮、通风、监护、安全巡检、照明、临边及洞口防护、土方泥浆及时外运等措施到位	

表 11-4　　　　　　　　　汽轮发电机组和电力网架结构改造的教训

序号	事件描述	原因分析	改进意见
1	在基础施工中发现，扩建汽轮机厂房设计定位坐标与原汽轮机厂房轴线不吻合，出现了较大的偏差。设计对新厂房基础做出了变更处理，以便与老厂房衔接	（1）设计阶段未对老厂房实际轴线位置和行车导轨梁标高进行复核，扩建厂房仅按老厂房施工图尺寸进行设计衔接；轴线设计采用坐标定位，未考虑老厂房施工误差； （2）承包单位及测量队仅以新厂房设计坐标进行定位放线和复核；未考虑老厂房结构轴线累积误差影响	（1）设计单位应对新老衔接部位的老建筑结构进行复测，按实际情况调整； （2）施工放线应校核新老结构轴线坐标和标高，早发现问题，早处理
2	汽轮机厂房屋面三元乙丙防水卷材使用两年后多处出现空鼓、开裂、脱胶和老化	（1）未能有效避开冬季温度低，基层潮湿，含水率较大等不利的天气环境影响； （2）承包单位对新型防水卷材现场管理经验不足，过分依赖专业防水厂家；三元乙丙防水卷材面层上未做水泥砂浆或碎石混凝土保护层； （3）防水卷材质量存在一定问题； （4）按非上人屋面设计，实际经常有人上去做清理工作，设计标准偏低	（1）严格按规范落实冬季施工措施，加强冬季施工管理； （2）严格控制基层含水率，不符合要求时禁止施工； （3）不过分依赖专业防水厂家，过程严格按控制点要求做好各工序隐蔽验收工作
3	建筑结构和安装合同人为分离，标段划分过细，加大协调工作量，同时增加了投资	（1）合同包划分过细； （2）合同工作范围和合同界面不清晰； （3）合同履行难度大，增加了投资	同一单体或系统工程尽量采用同一合同形式，避免合同任务交叉，出现推诿扯皮和重复计费现象

序号	事件描述	原因分析	改进意见
4	分包单位现场安全、质量管理体系未有效运行，专业技术力量薄弱，总包管理不到位，存在较大的安全、质量隐患	（1）分包单位现场安全、质量管理人员为非专业人员，形同虚设； （2）EPC合同最后敲定，但土建施工工期紧，先单独拿出分包	（1）建设单位尽可能采取EPC总承包，避免指定分包； （2）对分包单位的安全、质量管理体系核查前移至招标或合同签订阶段
5	汽轮机本体2#轴承下轴瓦支承钨金面发现有0.8～10 mm凹凸现象，通过某公司做的金属着色检查以及24 h煤油浸透试验，钨金面未发现任何钨金脱胎现象。但在多次开机调试过程中，2#轴承瓦温超标停机，解体后发现轴承上、下轴瓦钨金脱胎	（1）直接原因是某汽轮机厂轴瓦浇铸存在质量缺陷； （2）建设单位和施工、监理单位现场人员缺乏经验，在外观检查不能发现问题时，没有要求检测单位对0.8～10 mm凹凸现象做进一步的超声波复检	（1）建设单位加强设备驻厂监造管理； （2）现场加强第三方检测复验，跟踪检查验收，达到闭环管理效果
6	电力网架改造工程，0#高压备变换接工作结束，进行母差保护调试时，误跳3#发电机110 kV侧开关，造成3#发变组短时脱网运行，威胁热电部供电安全	承包单位按设计原理图进行110 kV母差保护接线，接两路跳闸一路经保护压板，另一路不经过压板。调试的安全措施是解除压板，实际只解了一回路，忽视另一回路仍存在，试验定值达到时另一回路3#发变组110 kV 403开关跳闸，3#发电机脱网，而接线图是单回路跳闸	（1）设计单位应保持相关图纸的一致性，承包单位应按接线图施工； （2）将未经压板直接接跳闸回路的二次线解除不用，并将回路改为经过压板； （3）高压电力设施带电调试前应严格进行条件联合确认
7	新220 kV GIS开关室试送电，2843线路进线单相电压互感器发生故障，电压降较大，造成电网系统晃电；后将一台有放电故障的电压互感器（PT）予以更换	（1）该互感器内部局部留有金属毛刺； （2）线圈顶部不平滑，有稍突出部位。送电冲击时局部出现放电，产生电弧，造成相间短路	根据厂家经验，安装后除正常试验外，增做充电试验，0.5、0.8倍相电压下各5 min，1.2倍相电压下30 min，以消除制造中留下的毛刺

续表

序号	事件描述	原因分析	改进意见
8	大修期间，原 70 m 钢筋混凝土管更换为 2 根 ϕ 2010 的钢管，要求 9 d 内完成拆旧、安装回填，具备投用条件。新老管线（钢管与混凝土管）接口渗漏，后进行带压堵漏处理	（1）钢管承口与混凝土管插口间隙不均、缝隙过大，且施工未严格按图纸和规范进行，膨胀圈密封失效，开车进水后发生泄漏；（2）承包单位抢进度，未严格按技术要求施工，对接口支墩钢管外混凝土包裹的密封作用期望过大；（3）接口质量验收时，土建和安装两个专业职责不清，施工与监理人员未认真检查确认；（4）大修抢工未考虑特殊措施，如混凝土管墩浇筑前在已打口的承插口外采取防水砂浆或浇注料进行整圈浇带，24 h 后再进行管墩浇筑，并加防水早强剂等	（1）严控承插口尺寸及误差，确保膨胀圈安装质量，使外压板对膨胀圈施加密封比压；（2）管墩处宜设计有焊接在钢管本体上的防滑动的筋板并与墩内钢筋焊接，确保钢管接口处无相对位移；（3）承插口质量应由安装专业负责；（4）大修抢工应考虑特殊措施
9	新建工业抽汽中压蒸汽管道 ϕ 457×14.2 管线与老厂原有管道连接，投用后新管线管托支架产生热位移，管托脱离管架；设计对管线膨胀和管架位移量进行了再次核算，并对原设计的限位固定管托进行了调整和加固处理，将新建部分（冷态）管道割去 100 mm，并将此部分预拉伸，对支架补充双管夹，对原滑动管托用槽钢加长滑动底板，解决了管托支架的滑脱问题	因为新建工业抽汽管道（冷态）与原有部分管线（热态）连接，设计未考虑热位移补偿问题；新增 5# 机后，改造的中压蒸汽管线增加了集气分配缸，两头分接汽轮机和老区中压蒸汽的四条线，集气缸前段混凝土管架上管系的热应力工况十分复杂，涉及较复杂的热应力计算和开停车不同工况	高温高压合金管热力管线在复杂应力条件和工况下，设计应出具热应力计算书，作为施工图审查、会审的重要依据，可有效杜绝设计的随意性和经验不足

三、某煤化工项目动力中心装置

表 11-5　　　　　　　　　　某煤化工项目动力中心装置的经验

序号	事件描述	原因分析	改进意见
1	项目管理构架采取 IPMT 领导下的项目管理 +EPC+ 监理模式，充分发挥了监理作用； IPMT 三层组织构架： 第一层为决策层，由集团公司总部有关部门、建设单位、EPC 等单位领导组成，授权决策项目建设的重大关键问题。 第二层为管理层，主要承担建设单位项目管理工作，负责与 EPC、监理单位之间的协调，实行 HSE、质量、进度、费用、合同执行的有效控制； 第三层为执行层，由 EPC、监理、前期咨询单位组成，执行具体的工程管理、监理、咨询任务	吸取了 PMC 项目管理模式的优点，节省了聘请 PMC 承包商所需支付的高额费用，实施合同约束加行政协调的管理机制，有利于克服承包商合同意识不强而出现的过程控制失控。监理机构加强了对 EPC 承包商、施工分包商和制造分包商因利益驱动、自我约束不到位、或以包代管造成质量问题的控制	
2	公司首次承接并圆满完成了该项目 HSE 培训安全实操基地运营业务，开启了石化项目 HSE 实操培训的先河，受到了建设单位的嘉奖； （1）主要任务：组织搭建和管理实操培训标准化设施；入场人员安全知识和实操培训授课、演练，包括个人 6 项实操体验、七项高风险作业培训；考试、制发证等工作； （2）主要设施：培训中心占地 3 100 m²，共 13 个培训分区，包括培训教室（可容纳 150 人），红黑榜教育室，大件吊装模拟仿真室，安全样板工程及实操演练区，电脑考试机房等。建立安全智能集成管理系统（SIM）和电子机考系统； （3）成效：入场 HSE 教育 46 816 人次；作业许可培训 23 期，1 355 人次；监护人培训 28 期，3 581 人次；电工、架子工、起重工培训 1 597 人次；违章再教育 738 人次；工程管理人员培训 3 期，345 人次；生产管理人员培训 32 期，3 340 人次	（1）公司高度重视，配置主任 1 名，培训师 2 名，实操讲解员 2 名，教务员 1 名； （2）制订培训岗位职责、HSE 实操培训规划和工作流程、各项规章制度； （3）建立项目 HSE 培训的整套 PPT 课件和题库； （4）采取面授加实操方法培训，严格日常规范化管理； （5）配置培训演练有关标准化设施和办公设备； （6）运用 SIM 系统，对 HSE 培训进行分级管理，提升了培训效率	
3	焊接管理工作到位，对所有进场焊工均组织验证性技能考试，合格后方能进行施工； 考试与门禁管理挂钩	建设单位高度重视，并进行了相应的投入，保证了进场焊工资质、技能满足施工要求	加强焊工动态核查，防止人证不符或焊接方式与证件不符

续表

序号	事件描述	原因分析	改进意见
4	建设单位引进某第四方检测单位。主要承担现场焊缝底片复评、设备材料抽检、第三方检测单位焊缝拍片抽检、关键部位合金钢材料复验等工作； 第四方无损检测是项目质量保证体系的质量验证机制。它独立于承包商和监理之外，代表建设单位和工程质量监督站，采用抽检的方式，验证承包单位与监理单位在工程建设中质量管控执行情况，并及时向建设单位反馈	（1）建设单位高度重视； （2）适应大型石化项目的管理需要，保证了第三方检测结果的规范性、真实性	有利于现场质量控制，值得推广
5	公司派员加入建设单位项目管理团队，负责控制部、HSE部建设单位管理工作，为公司开展项目管理积累了经验，拓展了思路	（1）弥补建设单位管理人员的不足； （2）满足建设单位HSE专业化管理的行业要求	建设单位可引进HSE专业管理单位，以满足监理规范规定的HSE监理工作以外的其他专业化管理要求
6	电气监理人员在巡检动力中心变压器（3台110 kV/75 MVA、2台110 kV/20 MVA）区域时，发现110 kV侧进线单芯电缆经PVC管穿过电缆沟上部水泥盖板，对可能产生的涡流隐患提出了质疑（若穿入三芯或四芯电缆在其周围不产生涡流）	水泥盖板中配有钢筋网片，穿过110 kV单芯电缆会在闭合的钢筋环中产生涡流，导致钢筋发热甚至发生火灾，同时使电缆电路感抗增大，线路损耗增大，压降增大	由设计单位出具设计变更，将盖板闭环的钢筋切断，使其形成不了闭环回路，避免故障发生
7	以大机组为重点，严格控制设备质量，确保点火试运一次成功； 动力中心四炉三机包括脱盐水装置合计动设备150台套，安装工作量之大、关键设备难度之高，超过预期； 2015年，4台锅炉的8台送风机、8台一次风机、8台密封风机安装完毕后，停工16个月，恢复施工后相继进行电机试转，耦合器的油循环，冲洗试转，靠背轮中心复检至整体运转； 2018年8月30日，1#炉顺利点火一次成功	监理人员对质量做到抓重点、盯关键，按程序进行； 中交前"三查四定"共查出问题335条，按照要求严格落实整改，后又连续两次组织对照检查，消除了安全质量隐患	
8	高度重视超过一定规模的危险性较大的分部、分项工程的管理，确保开工前方案编审完成并经专家论证。 经专家论证的施工方案有： （1）煤仓地下廊道深基坑施工方案； （2）转运站、煤水处理站深基坑施工方案； （3）汽车卸煤站深基坑施工方案； （4）煤仓地下廊道、走道板高支模施工方案； （5）缓冲筒仓高支模施工方案； （6）栈桥钢结构安装方案（跨度超过60 m）； （7）煤仓大跨度（直径100 m）网架施工方案	（1）监理项目部高度重视，针对超过一定规模的危险性较大的分部、分项工程编制了针对性较强的监理实施细则； （2）EPC总承包单位高度重视，专门委托了一家具备资质的勘察设计单位进行深基坑支护方案的设计； （3）建设单位项目部大力支持	（1）进一步规范专家论证施工方案的监理审查程序和流程； （2）专家评审意见必须在方案中得到体现； （3）施工现场状态改变使方案发生较大变更的，要及时重新组织专家论证

续表

序号	事件描述	原因分析	改进意见
9	输储煤系统采用集汽动、液压、电动为一体的大型高新技术和工艺，主要有： （1）汽车卸煤站的叶轮给煤机； （2）皮带机的循环链码校验装置； （3）干雾抑尘设备； （4）电磁除铁装置； （5）犁式分煤器； （6）中间采样机	（1）不断尝试采用新技术； （2）与时俱进，不断学习新技术、积累的新经验，以适应新时期的监理工作	

表 11-6   某煤化工项目动力中心装置的教训

序号	事件描述	原因分析	改进意见
1	项目在建设过程中停工，造成以下不利影响： （1）工期推迟； （2）已建工程的保护与安全防护措施拆除后又恢复重建，机械设备撤场并二次进场等，增加了相应费用； （3）施工、监理人员撤场并二次进场，人员调遣协调困难	建设方案调整等原因，建设单位要求停工	
2	动力中心投产时三台发电机不能正常并网运行	未能及时办理送电上网有关批准手续	及时与电网管理单位协调，办理并网批准手续
3	动力中心供油泵房为防爆区域，内有 2 台卸油泵，3 台供油泵，电机电缆、现场操作柱安装接线完毕后，质检站提出防爆区域电机电缆接线钢铠未接地，且进线格兰头密封不严，提出整改要求	承包单位对防爆区域电机及电气设备接线的相关规范学习不够，监理人员未及时发现问题	按规范将电缆接线钢铠引入电机接线盒内接地，保证接线格兰头进线密封。未使用的空格兰头用软密封加硬堵板密封
4	1# 锅炉试运时发现漏点。2018 年 9 月 14 日晚上 9 点左右，发现 1# 锅炉水位计下降；凌晨 2 点左右，工作人员在补水时发现省煤器灰有漏点，5 点在 36 m 层除雾器位置发现水冷壁也有漏点	拆开保温棉，发现 $\phi 60 \times 5mm$、12CrlMoVG 的管子母材有砂眼	通知厂家来现场处理； 对材料管理工作不够严谨，需加强设备监造
5	3# 煤仓外排脚手架在拆除过程中擅自将连墙件违规拆除，大大降低了外架的整体稳定性，存在倾覆的重大隐患	（1）现场作业票检查，未见 JSA 安全分析和许可作业监护监督记录； （2）施工方安全管理不到位； （3）技术安全交底记录未包括所有作业人员； （4）外架拆除过程中，视频监控不到位	立即停工加固；施工安全管理人员每天巡检不少于 2 次；安全技术交底覆盖所有作业人员，留影像资料；总包单位对责任人进行处理

续表

序号	事件描述	原因分析	改进意见
6	2# 锅炉 20 m 层脚手架拆除作业时，下方正在进行防腐施工，存在交叉作业现象；且脚手架拆除区域未拉警戒绳，现场无监护人员；脚手架拆除过程中，视频监控不到位	（1）作业班组安全意识差，未落实"错时、错位、硬隔离"；（2）施工安全监护不落实	
7	1# 锅炉点火前，供油泵房 2 台卸油泵、3 台供油泵在运行调试中相继卡死、跳停	厂家设备内件存在制造质量问题。现场检查时关注点只在靠背轮对中与找平上，没有注意手动盘车的松紧度；项目停工，设备现场摆放时间过长	
8	长颈喷嘴流量计 27 台，绝大多数焊缝外观质量差，特种设备抽检 5 台引压管与主管间的管台角焊缝，RT 检测发现有焊接缺陷	仪表专工参与开箱，对受压原件焊缝质量关注不够	仪表开箱检查，宜有设备或管道工程师参加，要求提供产品生产资质及监督检验证书
9	汽轮机 EH 油为汽轮机厂配套供应，EH 油循环 16 d 后取样送检，水分超标近一倍	进场时 EH 油未取样，仅对汽轮机润滑油进行了取样	更换滤油机重新滤油，直至取样送检水分含量合格，方可投入油循环；油循环合格后再取样送检
10	路灯安装时监理人员巡视发现未安装照明系统保护接地装置	设计单位未考虑照明系统保护接地	设计变更增加照明系统接地装置及所需材料

第二节 问题探讨

一、监理对象

传统意义上，建设单位与施工单位签订施工承包合同，施工单位因受合同约定，具有接受建设单位委托的监理单位监理的义务。目前，房屋建筑工程基本上仍然是这种承发包模式，因而在国家监理规范中将监理对象均表述为施工单位。

然而，工程总承包（EPC）模式在一些行业中已普遍存在，在此模式下，建设单位与 EPC 总承包单位具有合同关系，而与施工单位已无合同关系，施工单位只与 EPC 总承包单位存在合同关系。因此，监理的对象应是 EPC 总承包单位，施工单位向监理单位的报验报审工作应通过 EPC 总承包单位进行，所有资料均应由 EPC 总承包单位签署后报监理机构。否则，总承包单位就是包而不管，监理机构直接对施工单位监理也无合同依据。

因此，广义上，监理的对象应为承包单位，不一定是施工单位，这在 SH/T 3930《石油化工建设工程项目监理规范》（以下简称《石化监理规范》）中已做相应调整。

二、开工报审

GB/T 50319《建设工程监理规范》（以下简称《国标监理规范》）和 GB/T 5434《电力建设工程监理规范（征求意见稿）》（以下简称《电力监理规范》）要求开工报审两步走：先由监理单位和建设单位审签开工报审表，而后由监理机构据此签发开工令。而《石化监理规范》为同步走：开工报告作为开工报审表的附件同时报给监理单位、建设单位审批；其中，开工报告引用 SH/T 3503《石油化工建设工程项目交工技术文件规定》中附录 A.6 和 A.7 的《工程施工开工报告》，替代《国标监理规范》中的开工令。

监理机构负责审查监理规范规定的开工条件，其他合规性事项（如施工许可证、质监申报、施工图审查等）不属监理审查内容，应由建设单位负责控制。只要满足监理规范规定的工程开工条件，总监理工程师就应当签署审核意见，而不应按传统思维以施工许可证等合法性问题为由拒不签署开工报审表。建议总监理工程师审核意见为："经组织专业监理工程师审查，符合监理规范规定的工程开工条件，报请建设单位审批后开工"。

三、安全监理

《建设工程安全生产管理条例》第十四条，工程监理单位应当审查施工组织设计中的安全技术措施或者专项施工方案是否符合工程建设强制性标准。工程监理单位在实施监理的过程中，发现存在安全事故隐患的，应当要求施工单位整改；情况严重的，应当要求施工单位暂时停止施工，并及时报告建设单位。施工单位拒不整改或者不停止施工的，工程监理单位应当及时向有关主管部门报告。工程监理单位和监理工程师应当按照法律、法规和工程建设强制性标准实施监理，并对建设工程安全生产承担监理责任。

安全监理的主要工作内容可依据《关于落实建设工程安全生产监理责任的若干意见》（建市〔2006〕248 号）。《危险性较大的分部分项工程安全管理规定》（住房和城乡建设部令第 37 号）中有关的监理工作应是法定安全职责内容的补充。

《国标监理规范》将监理单位履行其安全法定职责的行为表述为"安全生产管理的监理工作"，以便与承包单位的安全管理相区分，其含义是对承包单位的安全生产管理进行监理；《石化监理规范》将监理单位的安全法定职责扩展到 HSE 监理，表述为

"HSE 管理的监理工作"，可简称为 HSE 监理。

现实中，针对安全或 HSE 监理工作有控制、管理、旁站、监护等诸多提法，这些提法一无法规依据，二与监理的服务性定位和工作程序不适应，三与承包单位的职责混淆。在此情况下，监理人应有自己的定律，不能盲目跟风迎合，在编制的监理文件中应坚守法规、规范中的表述。

监理单位的安全或 HSE 管理应指本单位依据《中华人民共和国安全生产法》和管理体系标准对本单位内部的安全或 HSE 管理，保障其人财物安全和员工职业健康，不应与建设工程的安全或 HSE 监理混为一谈。监理的产品是服务（非工程实体），对承包单位的安全或 HSE 监理就管理体系而言，本质上属于监理服务工作质量范畴。

如果建设单位要求监理单位从事监理规范规定外的安全或 HSE 监理工作，而监理单位出于市场需要不得不承诺去做，则应按合同义务履行。

工程承包单位是工程实体的建造者，应依据《中华人民共和国建筑法》《中华人民共和国安全生产法》等法律法规履行工程建造过程安全生产管理责任，对本单位在工程建造过程中的安全生产负责。监理单位承担相应的安全监理责任，如果监理人员履行了"一审、二查、三停、四报"的监理职责，法理上与承包单位的安全责任不应有必然的关联性，不存在法律意义上的连带责任。

在有关方面对安全监理规定繁多的情况下，监理人应倡导安全监理的法规定位和法定工作内容，理念上不应人云亦云；投入上应满足履行法定职责要求，防止安全监理人员过度膨胀，充当承包单位监护人的角色；行为上应避免只顾应付现场，疏于内业管控。

四、监理相关服务

（一）基本定义

相关服务源自《建设工程监理与相关服务收费管理规定》（发改价格〔2007〕670号）。《国标监理规范》对相关服务的定义为："工程监理单位受建设单位委托，按照建设工程监理合同约定，在建设工程勘察、设计、保修等阶段提供的服务活动。"其含义是：

（1）在承担监理工作的基础上，同时进行的施工监理以外的与监理相关的服务，非强制性。

（2）施工监理工作内容以外的服务广义上均属相关服务，如 GF-2012-0202《建设工程监理合同（示范文本）》附录 A 中的专业技术咨询、外部协调工作，以及法定安全监理职责之外的代建设单位安全管理等。但相关服务不应包括工程监理以外应取得专项资质的工程造价咨询、招标代理等服务。

（3）在签订的监理合同中同时分别约定相关服务的内容和酬金。如果建设单位只要求监理单位提供施工监理以外的服务，本质上已不与监理相关，则双方不宜以监理合同约定，应签订其他形式的合同，如项目管理、工程咨询、技术服务等合同。

（二）不同监理规范中相关服务定义的异同

值得关注的是，现行行业监理规范对相关服务内容均进行了扩展，表述不一，相互关系为：

1.《国标监理规范》：相关服务＝勘察阶段服务＋设计阶段服务＋保修阶段服务；设备监造是单列的监理业务，未纳入施工监理或相关服务。

2.《电力监理规范》（征求意见稿）：相关服务＝工程项目管理＋工程招标代理＋工程造价咨询＋设备采购咨询＋设备监造＋工程勘察咨询＋工程设计咨询＋环境保护咨询＋水土保持咨询＋信息化管理咨询等方面提供的服务活动。

该定义与《国标监理规范》定义相差较大，类似于工程建设全过程咨询。

3.《石化监理规范》：相关服务＝项目管理＋设备监造＋保修阶段服务。

（三）相关概念的理解

（1）项目管理是工程建设全过程的管理服务（监理、造价咨询等有专项资质要求的业务除外），包括工程勘察管理、设计管理等。

（2）设备监造重点是驻厂工作，依据设备订货合同和监理合同进行。设备监造与施工监理在现场可能存在重叠，如设备制造中部分在现场组装，是否属于施工监理，应以合同为依据进行区分；原则上属订货合同的工作内容应属设备监造范畴，属工程承包合同的工作内容应属施工监理范畴。

（3）保修阶段：指承包人按照合同约定对工程承担保修责任的期限，一般自竣工验收开始至保修期满（石化工程保修期自项目交工验收开始至保修期满），其中包含缺陷责任期（发包人预留质量保证金的期限）。

五、单位工程竣工预验收与质量评估报告

《国标监理规范》要求，工程竣工预验收与质量评估报告的编写通常按单位工程进行，质量评估报告在竣工预验收合格后、竣工验收前完成。依据《电力监理规范》，单一热电联产工程的质量评估报告可在整体启动后、竣工预验收前的检查合格后编写。石化联合装置中的热电联产装置一般按石化集团公司管理程序办理。由于石化工程竣工验收是个较长的过程，包括交工验收、专项验收、生产标定、最终竣工验收证书签署等，在项目投料试车合格（交工验收）后一年左右方可完成，而监理的现场工作一般至交工验收为止，故《石化监理规范》表述为"单位工程预验收"。

目前，监理机构进行工业项目单位工程预验收的程序基本空缺，与这些工程通常按项目或单项工程（生产装置）而非单位工程进行竣工验收有关，应引起重视。具

体如何进行？建议与建设单位进行沟通，使工程预验收单元与业主组织的竣工（交工）验收单元保持一致，石化项目工程预验收宜在交工验收前由监理机构组织进行，预验收合格后编制质量评估报告。

六、全过程工程咨询

（一）概述

国家鼓励有实力的设计、监理、咨询企业向全过程工程咨询转型发展，鼓励咨询企业兼并重组，一站式整合服务，提高核心竞争力。并自 2017 年 5 月起进行了为期 2 年的试点，选择北京、上海、江苏、浙江、福建、湖南、广东、四川 8 省市以及中国建筑设计院等 40 家企业开展全过程工程咨询试点。试点省市相继出台了全过程工程咨询导则和合同示范文本。国家发展改革委、住房城乡建设部发布了《关于推进全过程工程咨询服务发展的指导意见》（发改投资规〔2019〕515 号），这是目前开展全过程工程咨询工作的指导性文件。

热电联产项目较适合开展全过程工程咨询业务，安徽万纬工程管理有限责任公司目前正在进行全过程工程咨询的实践。

1. 全过程工程咨询

咨询单位综合运用多学科知识、工程实践经验、现代科学技术和经济管理方法，采取多种服务方式组合，为委托单位在工程项目投资决策、工程建设乃至运营维护阶段持续提供局部或整体解决方案及管理服务活动。

全过程工程咨询包括投资决策综合性咨询、工程建设全过程咨询和项目运营维护咨询，重点培育发展投资决策综合性咨询和工程建设全过程咨询。这种分段的考虑与目前国家的管理体制相关，全过程工程咨询总体上由国家发展改革委统管，但其中工程建设全过程咨询由住房城乡建设部主管。

2. 投资决策综合性咨询

咨询单位就投资项目的市场、技术、经济、生态环境、能源、资源、安全等影响可行性的要素，结合国家、地区、行业发展规划及相关重大专项建设规划、产业政策、技术标准及相关审批要求进行分析研究和论证，为投资者提供决策依据和建议的服务活动。

3. 工程建设全过程咨询

咨询单位以工程质量和安全为前提，为增强工程建设过程的协同性，提高工程建设效率、节约建设资金，对工程建设实施阶段提供项目管理、招标采购、工程勘察、工程设计、工程监理、造价咨询等一体化的服务活动。

4. 项目运营维护咨询

咨询单位为提高项目运营维护效率，降低运营维护成本，根据委托单位的竞争战略，对项目运营维护能力进行分析，制订运营维护策略，实施运营维护业务过程改进等的服务活动。

（二）咨询模式

委托单位可以根据自身需求将投资决策综合性咨询、工程建设全过程咨询和项目运营维护咨询中任何一项或多项的组合委托给一家或多家咨询单位。鼓励委托单位将全过程工程咨询委托给有能力的一家咨询单位。

全过程工程咨询服务可采用"一体化"委托或"1+N"委托等模式。

1."一体化"委托模式

"一体化"委托模式是指委托单位把全过程工程咨询服务委托给一家咨询单位或由多家咨询单位形成的联合体。

当由一家具有综合能力的咨询单位承担全过程工程咨询服务时，咨询单位应当自行完成自有资质证书许可范围内的业务，在保证整个工程项目完整性的前提下，按照合同约定或经委托单位同意，可将自有资质证书许可范围外的咨询业务依法依规择优委托给具有相应资质或能力的单位，并对委托业务负总责。

当由两家或两家以上咨询单位组成联合体承担全过程工程咨询服务时，联合体咨询单位从事的咨询工作应符合国家法律法规相应资质要求，并在委托合同中明确牵头单位及各单位的权利、义务和责任。

2."1+N"委托模式

委托单位把全过程工程咨询服务中的项目管理咨询服务及部分专项咨询服务委托给一家咨询单位，而把其他专项咨询服务独立委托给其他专项咨询单位。其中"1"是指项目管理，包括投资决策阶段项目管理、工程建设阶段项目管理。"N"是指专项咨询服务的一项或多项。

（1）项目管理咨询

咨询单位为实现项目的质量、安全、进度、费用目标，自项目开始到项目结束所进行的全过程、全方位的规划、组织、控制与协调的服务活动。

（2）专项咨询

咨询单位对建设项目全寿命周期内提供相关专项业务的服务活动。包括投资决策阶段的项目建议书、项目可行性研究及项目环境影响、节能、安全、社会稳定风险、水土保持、地质灾害危险性、交通影响等专项评价咨询；工程建设阶段的招标采购、工程勘察、工程设计、造价咨询、工程监理；运营维护咨询阶段的项目后评估、资产管理、设施管理；以及其他专项咨询（如 BIM 技术咨询等）。

"1+N"委托模式由一家具备咨询、勘察、设计、监理、造价等至少一项资质的咨询单位承担。实行"1+N"委托模式时，委托单位应授权咨询单位加强对由委托单位另行委托的其他单位实施的专项咨询服务的管理，确保建设项目全过程工程咨询的系统性、协调性。

（三）实施要求

（1）委托单位应与咨询单位签订书面咨询服务合同，全过程工程咨询服务合同和专项咨询服务合同的内容、格式可参照部分省市的《全过程工程咨询服务合同示范文本》（试行）和主管部门印发的相应专项咨询服务（如项目管理、工程监理、造价咨询等）合同示范文本，暂无示范文本的专项咨询服务合同可由委托单位和咨询单位另行协商确定。服务范围可采取清单模式，详见表11-7。

（2）项目投资决策和工程建设一体化或分阶段全过程工程咨询均应包括项目管理及专项咨询。从事项目管理及若干专项咨询服务的单位可视为全过程工程咨询服务单位，全过程咨询单位及专项咨询单位不得与本项目的工程总承包、施工、材料设备供应单位之间有任何利害关系。开展投资决策综合性咨询服务的咨询单位、咨询项目负责人和其他咨询人员不得担任同一事项的评估咨询任务。

（3）国家未设全过程工程咨询单位资质，但委托人应选择综合能力强、业绩突出的甲级及以上的设计、监理单位为宜。大多数专项咨询有相应的资质要求，应严格按规定执行。

（4）全过程工程咨询单位应组建项目全过程工程咨询机构及外委的专项咨询机构。

项目负责人应具备咨询工程师（投资）、建筑师、结构工程师、其他勘察设计类工程师、造价工程师、监理工程师、建造师等一项或多项国家注册执业或职业资格且具有工程类、工程经济类高级职称，并具有类似工程咨询经验。投资决策综合性咨询应当充分发挥咨询工程师（投资）的作用，鼓励其作为投资决策综合性咨询项目负责人，提高统筹服务水平。

专项咨询负责人应具备注册咨询工程师（投资）、注册建筑师、注册结构工程师、勘察设计注册工程师、造价工程师、监理工程师、建造师等一项或多项国家注册执业或职业资格或具有工程类、工程经济类中级及以上职称，并具有类似专项咨询经验。承担工程勘察、设计、监理或造价咨询服务的专项咨询负责人，应具有法律法规规定的相应执业资格。

（5）全过程工程咨询的开展应按国家有关指导文件及导则进行，项目管理和各专项咨询基本形成独立完整的体系，具体工作应按相应的标准规范进行。

（6）全过程工程咨询服务计费

建议协商采取"项目管理服务费＋专项咨询服务费＋奖励费用"（即1+N）叠加计费模式，具体方法参考如下：

①项目管理服务费（或统筹管理费）收费采用差额累进计费方式。参考费率见表11-8。

②专项咨询服务费（包括投资决策专项咨询、工程勘察、工程设计、招标采购、造价咨询、工程监理、运营维护咨询、BIM技术咨询等），可依据现行收费标准或市场收费惯例执行。

表 11-7

全过程工程咨询服务清单

服务内容	工程建设全寿命周期					
	项目投资决策阶段	工程建设阶段				
		施工准备阶段		工程施工阶段	竣工验收阶段	运营维护阶段
		勘察设计阶段	招标采购阶段			
项目管理咨询	项目策划管理；投资决策专项咨询管理；项目报批管理	工程建设全过程策划；勘察、设计管理（包括勘察设计质量、投资、进度、信息、服务变更协调等管理）	招标采购管理	质量管理；进度管理；投资管理；合同管理；组织协调管理；安全生产管理；信息管理；风险管理	收尾管理	后评价、运营维护管理
投资决策专项咨询	（1）项目建议书；（2）规划决策；（3）环境影响评价；（4）节能评估；（5）可行性研究；（6）安全评价；（7）社会稳定风险评价；（8）水土保持评价；（9）地质灾害危险性评估；（10）交通影响评价	绿色建筑评价	—	—	—	—
工程勘察	初步勘察	（1）勘察方案编制、审查；（2）初步勘察；（3）详细勘察；（4）勘察报告编制、审查	—	补充勘察	参与单位、单项工程验收	—

续表

服务内容	工程建设全寿命周期					
	项目投资决策阶段	工程建设阶段				运营维护阶段
		施工准备阶段		工程施工阶段	竣工验收阶段	
		勘察设计阶段	招标采购阶段			
工程设计	—	(1) 方案设计及优化、审查;(2) 初步设计及优化、审查;(3) 施工图、深化设计及优化、审查;(4) 施工图设计技术审查	提出技术规范书	(1) 设计交底和图纸会审;(2) 重大施工方案的合理化建议;(3) 设计变更管理;(4) 施工技术服务工作;(5) 地基验槽、基础分部验收,主体结构验收	(1) 参与专项验收;(2) 参与单位工程验收	—
招标采购	编制招标采购方案、编制工程量清单,编制招标文件、编制招标控制价和合同条款,编制招标评标报告、发布招标(资格预审)公告、组织答疑和澄清、组织开标、评标工作,协助编制评标报告,发送中标通知书,协助合同谈判和签订等					
造价咨询	(1) 投资估算编制、审核;(2) 项目经济评价报告编制、审核	(1) 设计概算编制、审核;(2) 参与限额设计;(3) 参与造价测算;(4) 施工图图预算编制、审核;(5) 参与、管控项目投资风险	(1) 工程量清单编制、审核;(2) 招标控制价编制、审核;(3) 制订项目合约规划;(4) 拟定合同文本、协助合同谈判;(5) 编制项目资金使用计划	(1) 合同价款咨询;(2) 造价风险分析建议;(3) 审核工程预付款和进度款;(4) 变更、签证及索赔管理;(5) 材料设备询价、核价;(6) 审核工程结算;(7) 项目动态造价分析	(1) 竣工结算审核;(2) 工程技术经济指标分析;(3) 竣工决算报告编制、审核;(4) 配合竣工结算审计	项目维护与更新改造价管控

续表

服务内容	工程建设全寿命周期						
	项目投资决策阶段	工程建设阶段					运营维护阶段
		施工准备阶段		工程施工阶段	竣工验收阶段		
		勘察设计阶段	招标采购阶段				
工程监理	—	—	—	(1) 编制项目监理规划和监理实施细则； (2) 质量控制； (3) 进度控制； (4) 投资控制； (5) 履行安全生产监理法定职责； (6) 合同管理； (7) 信息管理； (8) 协调工程建设相关方关系	(1) 工程验收策划； (2) 组织单位工程预验收，提出工程质量评估意见； (3) 参与专项验收； (4) 参与技术验收； (5) 参与单位工程验收； (6) 参与试生产； (7) 竣工资料收集与整理	工程质量缺陷管理
运营维护咨询	—	—	—	—			(1) 项目后评价； (2) 设施管理； (3) 资产管理

续表

服务内容	工程建设全寿命周期					
	项目投资决策阶段	工程建设阶段				
		施工准备阶段		工程施工阶段	竣工验收阶段	运营维护阶段
		勘察设计阶段	招标采购阶段			
BIM技术咨询	(1) 采用BIM使方案与财务分析工具集成； (2) 修改相应参数，实时获得项目各方案投资收益指标	(1) 编制BIM实施规划； (2) 编制BIM模型深度标准； (3) 编制BIM协同平台操作手册； (4) 制订BIM考核办法； (5) 参与设计BIM模型审核工作； (6) 投资控制	(1) 采用BIM进行自动化算量及错漏处理； (2) 基于BIM的快速询价	(1) 审核BIM进度计划和BIM模型设计； (2) 参与设计BIM模型复核工作； (3) 审核重点施工方案模拟； (4) 参与三维技术交底； (5) 基于BIM平台的质量、安全、进度、成本管理； (6) BIM模型辅助变更管理； (7) BIM模型更新维护	(1) 采用BIM进行竣工结算审核； (2) 项目BIM工作总结	采用BIM进行运营信息的管理、修改、查询、调用工作

表 11-8   项目管理服务费参考费率

工程总概算范围 / 万元	费率 / %	算例	
		建设项目工程管理服务费 / 万元	
10 000 以下	3	10 000	$10\ 000 \times 3\% = 300$
10 001-50 000	2	50 000	$300 + (50\ 000 - 10\ 000) \times 2\% = 1\ 100$
50 001-100 000	1.6	100 000	$1\ 100 + (100\ 000 - 50\ 000) \times 1.6\% = 1\ 900$
100 000 以上	1	P	$1\ 900 + (P - 100\ 000) \times 1\%$

注：算例中 P 为工程总概算，括号内为工程总概算的分段计算数。累进总额可根据咨询单位开展的项目管理的阶段进行相对费用划分，投资决策阶段项目管理占 10%，施工准备阶段项目管理占 20%，施工阶段项目管理占 50%，竣工收尾阶段占 20%。

③奖励金是咨询单位在全过程工程咨询服务过程中提出的合理化建议被采纳后，使委托单位获得经济效益，委托单位给予咨询单位一定比率的奖励。

奖励金额＝工程投资节省额 × 奖励金额的比率，奖励金额的比率应在合同中约定。